ACADEMIA
BARILLA

意大利面

意大利百味来烹饪学院　著
吴丹丹　崔梦婕　译

北京出版集团公司
北京美术摄影出版社

图书在版编目（CIP）数据

意大利面 / 意大利百味来烹饪学院著 ； 吴丹丹，崔梦婕译. — 北京 ： 北京美术摄影出版社，2018.6
书名原文：Pasta!
ISBN 978-7-5592-0110-2

Ⅰ. ①意… Ⅱ. ①意… ②吴… ③崔… Ⅲ. ①面条—食谱—意大利 Ⅳ. ①TS972.132

中国版本图书馆CIP数据核字（2018）第041459号

北京市版权局著作权合同登记号：01-2017-0854

责任编辑：董维东
助理编辑：杨　洁
责任印制：彭军芳

意大利面
YIDALI MIAN
意大利百味来烹饪学院　著
吴丹丹　崔梦婕　译

出　版　北京出版集团公司
　　　　北京美术摄影出版社
地　址　北京北三环中路6号
邮　编　100120
网　址　www.bph.com.cn
总发行　北京出版集团公司
发　行　京版北美（北京）文化艺术传媒有限公司
经　销　新华书店
印　刷　北京汇瑞嘉合文化发展有限公司
版印次　2018年6月第1版第1次印刷
开　本　787毫米×1092毫米　1/8
印　张　37.75
字　数　300千字
书　号　ISBN 978-7-5592-0110-2
定　价　198.00元

如有印装质量问题，由本社负责调换
质量监督电话　010-58572393

正文
意大利百味来烹饪学院

摄影
CHATO MORANDI

统筹
ILARIA ROSSI

前言
GUIDO, LUCA AND PAOLO BARILLA
GIANLUIGI ZENTI
MASSIMO BOTTURA
SCOTT CONANT

美术设计
MARINELLA DEBERNARDI

编辑人员
LAURA ACCOMAZZO

目录

意大利面和生活

意大利面的精彩历史延续千年，从南到北，跨越海岸，贯穿了整个意大利。从伊特鲁里亚和古罗马时代对鲜意面的第一次记载开始，到中世纪对干意面和西西里岛（当时受到阿拉伯文明强烈影响）的记载，到文艺复兴时期的记载，再到第一个典故和位于利古里亚和那不勒斯的意面制造商的成立，意大利面和意大利密不可分，并且在品味和制作工艺的相互影响下，不断发展至今。

因为意大利面是口模挤出技术的产物，它是很多人共同发明创造的结果：意大利面制作者、发明者、厨师。他们都在意大利面的历史上书写了浓墨重彩的篇章。

家庭与意大利面的历史可以追溯到很久以前。在帕尔玛，关于当地烘焙大师奥维德·巴里拉的记载，最早可以追溯到1553年。他的经验和技术代代相传，1877年，在圣米歇尔的主干道上，皮尔特洛·巴里拉开了一家面包和意大利面店。这家店就是当今意大利面的世界引领者和在100多个国家中成为意大利菜宣传大使的意大利百味来烹饪学院的雏形。我们制作意大利面已经超过了130年，为了在时代的潮流中立足，我们必须有坚实的根基和强有力的产品文化——一种我们希望与大家分享的文化。因此，对于我们来说，谈意大利面就是谈人生。这个能给我们带来健康和幸福，并且能和各国饮食完美融合的产品，是我们过去和现在的关键构成。

我们制造的意大利面总是陪伴着我们的饭桌。但与其相伴的，还有我们家族的历史以及几百年来热爱意大利面并且帮助它成长的工匠们。在数百年中，这片土地曾分割成多个小国家，但最终又成为一个国家，并且现如今将意大利面作为它的国菜。意大利面是地中海饮食习惯的“皇后”。而地中海不仅仅指意大利，它还代表着对古代文明的继承和延续，起源于阳光温和、谷物丰富的土地，烹饪习惯在那里世代相传，传承发展为传统。今天我们已经不需要再赘述意大利面的营养价值。相反，人们更想知道这个传统的意大利代表性食物是如何在全球市场中变得如此瞩目的。这就是意大利面存在“悖论”的地方：在意大利面中，现代和创新与传统和健康生活完美融为一体。

因此，翻开这本书，我们不仅能在练习中熟知食谱、准备工作和酱料，满

足对意大利面历史和制作工艺的好奇心，了解意大利面在意大利文化中的作用，它还是一段关于人、味道，关于敬重传统文化但也接受不断创新，关于分享和亲情，关于过去和未来的旅途。

圭多·巴里拉，卢卡·巴里拉和保罗·巴里拉

意大利百味来烹饪学院

意大利美食世界大使

帕尔玛，意大利美食之都，以其历史悠久的高品质美食和农产品而闻名于世。诸如帕尔玛奶酪、冷切意大利帕尔玛火腿和臀腿风干火腿，以及多种意大利面，都是这个地区的特产，它们享誉全球。如今，百味来中心正坐落于城市中心。这座多功能综合大厦由建筑大师伦佐・皮亚诺设计，他复原了历史上百味来意大利面制作车间所在的工业区。

从2004年开始，百味来中心主办了百味来烹饪学院这一现代美食组织。这是一个致力于保护和守卫意大利美食遗产的机构。从打击伪造仿冒，到推广和传播优质产品，努力提高意大利餐饮业在世界上的地位。

百味来烹饪学院是美食专家和意大利美食爱好者的聚集地，独特的能力搭配杰出的产品，提供从培训课程到美食之旅的全方位服务。

百味来烹饪学院配备宏伟的大礼堂、多功能实验室、各种教学课堂以及内部餐厅。同时，这里还有一个他们引以为豪的藏书丰富的美食图书馆，馆藏12000多册图书及史料性食谱和相关印刷品等珍贵藏品，这些都可以在它们的网站上轻松查阅。

同时，百味来烹饪学院还提供多种多样的课程，根据不同的主题和学生资质水平进行设置调整，由国际知名主厨组成名师团队，提供高质量教育服务。每年还会邀请美食界的名人，如埃托雷・博基亚、莫雷诺、斯科特・凯南特、卡罗・克拉克、奥夫索・爱卡林诺、吉亚达・洛伦迪斯、华伦天奴・玛卡地利、以吉尼奥・马萨里、吉安卡罗・佩博里尼、安吉利亚・扎尼尼，到场传授他们的丰富经验。

2007年，百味来烹饪学院获得意大利“商业文化奖”，表彰其在全球范围大力推进意大利美食文化与创意中所做出的贡献，后又成立了荣誉影业，通过短片形式传播意大利美食文化。

詹路易吉・赞提

请再来点意大利面

每天中午我都会用露营地的大喇叭叫沙滩上的朋友们："嘿！有人要吃意大利面吗？茄汁面还是奶油培根面？"帕利努罗，1980年8月。

我一直都是大家的厨师。兜里揣着几枚硬币，烧一壶开水，我相信在那个夏天，我已经达到了自己厨艺表现的最高峰。在真正成为厨师之前，我从没想过自己会做一名厨师。小心自己许下的心愿，因为说不定就实现了。

我对厨房的热情始于意大利面。它源于安兹拉祖母的手工鸡蛋意大利面。她是一位特立独行的厨师，用一个意大利面面团，每天两次做出一盘盘新鲜的意式面条、面片或者饺子，作为我们的午餐和晚餐。我和我的兄弟们总是饥肠辘辘，迫不及待，热爱如初。我清晰地记得我的祖母揉面时脸上的表情，那是一种类似欢乐的神情。在她的手里，半透明的黄色面片像有了生命一样飞来飞去，将躲避夏日炎热的黑暗房间照亮。用小手指制作意式饺子和切割意面面团效果是最好的，据说孩子和老人的手指是最适合的，前者灵活，后者熟稔。在屋外的门廊下，女人们一边包着意式饺子一边闲聊，狗、鸡和孩子们在身边疯跑。有人跟我说，这些桌边的时光有助于我性格的形成。看看我现在在哪里，我依然围绕在那张桌旁。

意大利面很低调。它能够为我们带来丰富多样的餐食。便捷、愉悦、友善和抚慰，永远不会过时。从南到北，从东到西，意大利面品种丰富多样。在任何特定的意大利面料理中都可以发现某个新食谱、馅料、肉酱的变化，以及配料的无限组合，意大利面始终像是一个宝藏。

意大利面很慷慨，有时它似乎是和我们一起进化，根据我们的需要、习惯和口味改变。它灵活、创新、变形，却始终陪伴在我们左右。

意大利面没有边界。它在最荒凉的地方依然生机盎然。无论你的厨艺如何，无论家在何方，想要为朋友们做一盘好吃的意大利面的愿望永远不会减少。而且，几乎可以保证，没有人会说"不"，盘子里的食物也会被吃得干干净净。

"查理！来点意大利面吗？茄汁面，还是奶油培根面？"摩德纳，2010年6月。

马西莫·博图拉

啊，意大利面

啊，意大利面！说起这个简洁、令人欣慰、著名的意大利之子，首先会想到什么？嗯，我想是热情。意大利人对他们的意大利面充满了强烈的热情。每个意大利人都是吃意大利面长大的，并且认为这是最好的食物。意大利面是世界上极受欢迎的食物之一，而意大利人也充分认识到了这一点。对我个人来说，意大利面对我的生活的影响和意大利菜本身的影响一样大。我的祖母在她巨大的木制意大利面面板上制作贝壳粉的那段温暖的记忆，为我设定毕生事业目标奠定了基础。直到现在，我始终记得作为一个不是博洛尼亚的少年，第一次品尝到肉汤意式饺子的味道时的惊喜。我喜欢看到年轻的厨师们在努力探索一份美妙的意大利面的质地和味道时眼中闪烁的光芒。我知道随着他们事业的不断发展，他们的经验会让他们更上一层楼。相关例子和经验数不胜数。但是每个故事的结局都是一样的，经历的深度和在食物中所投入的热情的强度是一致的。

毫无疑问，意大利面是最低调的产物。但它最谦和的起点能获得最高的敬重。意大利面的内在美在于它的朴素。在教授别人时，我最先教也是最难做的菜式就是蒜油意大利细面。口味的平衡，恰到好处的火候，橄榄油的正确用量，大蒜的烹调，为什么一定不要加奶酪……我可以一直说下去。节制、爱和对食物本身的深刻理解构成了意大利面的特别之处。

回想这些年来我和我的顾客、客户和朋友们在探讨和交流各种想法的时候，意大利面始终都是第一个话题。在意大利，同一道菜会有十几种不同的做法，而它们的共性在于对每道菜制作过程中所投入的情感和爱。想要成就一份出色的产品，产品的诚实度、完整度和技巧都必须完美无瑕。本书阐述了意大利悠久的烹饪历史，汇集了意大利最好的厨师和他们对意大利精选菜式的探究，使用传统的食材，设定新的标准，达到新的高度。

斯科特·科南特

意大利面的历史

意大利面的起源

意大利面的历史消失在了时间的迷雾中，并没有准确的时间记载。它的起源可以追溯到人类开始放弃狩猎的游牧生活方式，形成以寻觅野浆果而选择频繁短途迁徙生活习性的时候。

在那个时期中，人类学会了播种和等待收获劳动果实，学会了运用粗加工技术对这些原材料进行处理，以改变食物的样子和口味。谷物的发现，特别是面粉的出现（以及面粉多种多样的使用方式）为人类的饮食文化带来了很多深刻的变化。

几乎所有有记载的食品历史学家都认同，人类食用的精加工食物的较早形态之一就是将谷物碾碎，加水混合后烹煮。

这种混合物就是面团的祖先，我们通常认为它是人类的食物，而不是某个特定国家的发明。

对这种“原始意大利面”的记载在地中海盆地和亚洲大陆区域均有出现，但它是在地中海地区逐步发展演化成为我们现在所熟知的意大利面的。

这种原始混合物发展出三种基本的食物形态：烤面包，将谷物加水煮熟后碾碎做成的粥，以及不同生产工艺和起源的新鲜的或干的意大利面。

前1000年，希腊人就将一种面团做成的宽薄条意大利面起名叫作“Laganon”，后来在拉丁语中演变成为“Laganum”，更像现代人们所说的千层面（Lasagna）。

小麦磨粉加水或油混合成团，做成小麦粉面团，擀成薄饼，在烧热的石头上烹熟，这也许代表了这种食物最初的加工过程。在荷马所著的《奥德赛》中，在希腊水手的厨房里，就有对这种烹饪方式的描写。

这种加工面团的方法，即便在不同地区会进行各种调整，也依然还是现代家庭中通常都会采用的将鸡蛋与小麦粉混合制成面团后“擀面团”的方法。这是所有尖形意大利面的来源：意式千层面、干面条、细宽面、面片，以及填馅的意大利面。

古埃及人的北非后裔曾在尼罗河沿岸种植小麦，现在依然会在他们很多的菜肴中使用小麦粉或粗粒小麦粉。最初，这是一种储存和运输食物的方法，用来预防害虫和随着大篷车移动带来的环境变化所造成的食物变质。在这里，基本上所有意大利面都是先在沙漠阳光下晒干的。他们创造了一种在恶劣环境条件下也能长期保证可食用的食物。这种食物也很容易制作，只要大篷车队在行进路程中遇到绿洲就可以。

第一本关于阿拉伯美食的书，作者是Ibran'al Mibrad，可以追溯到9世纪，书中对各种类型的干意大利面进行了描述，并提出了一种食物准备方法。这种方法叫作“Risto”，目前在某些中东地区仍有沿用，如黎巴嫩和叙利亚。它使用了意面、豆子、扁豆，在贝都因人和柏柏尔人中广为使用。

似乎是受到阿拉伯人的影响，在11—13世纪，干意大利面在西西里岛被生产和食用。但是，埃米利奥·米兰最新的研究表明，在这种意大利面制作技术传播到岛上的过程中，犹太人也发挥了重要的作用。在1世纪，犹太人在海岸和内陆建立了重要的群落，他们被这座战略要地岛屿的商业机会所吸引。根据历史学家莫里斯·艾玛尔的研究，正是因为犹太人在岛上促进和组织意大利面的制作生产，才使得阿拉伯诺曼的烹饪传统在西西里岛得以流传和延续。

总之，根据对这些制作方法的认识，意大利面的发源地应该是在意大利的巴勒莫（或者更确切地说是西西里岛）。

古埃及收割小麦步骤图（卢克索门纳陵墓壁画）

12世纪，在诺曼人的统治下，西西里岛的意大利面已经开始传播到附近的南部地区。1150年左右，阿拉伯地理学家穆罕默德·伊德里西（1100—1165年）记录了在距离巴勒莫不远的特拉比亚地区对干意大利面的描述：当地的意大利面被称作“Tria”（该词来源于希腊语中的“Thrya”，指螺纹状灯芯草）。记录者还记载了这种意大利面不仅出口到附近的卡拉布里亚，还跨越地中海，出口到很多国家。直到今天，这个词的词根依然可以在一些当地方言描述的食谱中指代意大利面时得以体现。“Tria”一词不仅出现在西西里岛，而且还出现在萨伦托、巴里和安科纳，以及有一定规模的犹太人群落的地区中。

在15世纪的西西里岛，意大利面的分布已经达到了某个高度，价格受到了控制。在15世纪上半叶，意大利面被分为两种，一种是意式细面，由硬质小麦制成，另一种是通心粉，由小麦粉制成，价格较低。

从13世纪初开始，意大利面传播到了利古里亚地区进行生产和销售。热那亚商人开始了解和重视巴勒莫的“Tria”，并前往西西里岛进口原材料。

有一些文献记载了早在12世纪利古里亚地区意大利面的生产情况。具体来说，文献记载了某些特定大小和形状的意大利面，包括光滑的意大利面、通心粉和千层面。

在利古里亚，当地的方言常用“Fidei”来指代意大利面，这个词可能是从西班牙语演化而来的。在1574年，利古里亚意大利面生产者正式成立了一

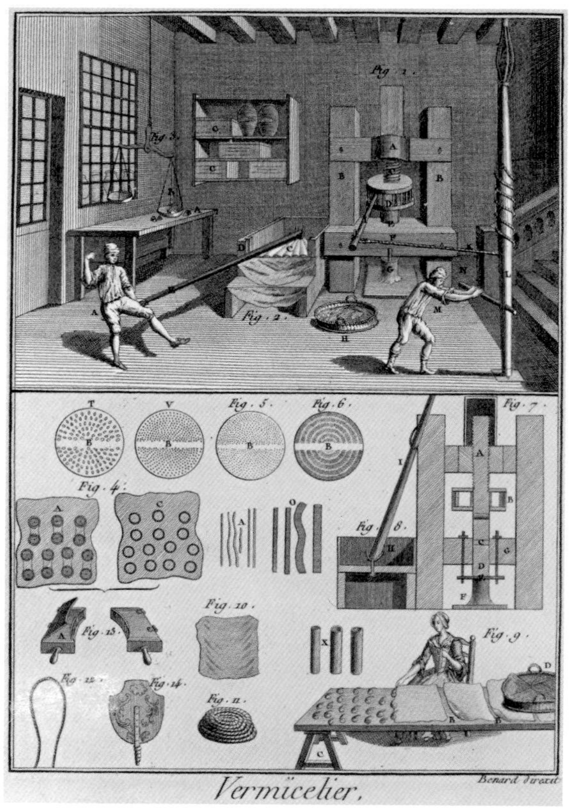

达朗贝尔的《百科全书》中的两页插图，介绍意大利面的生产（17世纪）

家公司，并拥有了自己公司的章程。公司章程制定之后写道："Fidelari大师的艺术规则。"这家公司的成立时间比那不勒斯公司（1579年）还要早数年。实际上，这要比意大利面的发源地巴勒莫出现意大利面生产制作公司还要早约30年（1605年）。

18世纪以前，那不勒斯人并没有从巴勒莫传承"通心粉食客"的称号。尽管意大利面在15世纪就从西西里岛来到了那不勒斯，但它在当时被认为是一种奢侈食品，在危机时期（战争、饥荒或季节性疾病时期），原材料的价格会上涨，小麦和面粉的使用也会被禁止。

只有从16世纪开始，我们才能在坎帕尼亚的某些地区——主要是阿尔玛菲沿岸——找到一些磨坊。它们的建立得益于当地充足的水源。在这些地区，意大利面产业蓬勃发展，所以具备了优质产品的最佳生产条件。除了那不勒斯外，这些地区中的某些地名，如格拉格纳诺和托雷安农齐亚塔（在19世纪中期因其工艺制造厂的发展而成为重要地区），仍然留存在意大利面爱好者的集体记忆中，特别是对于那些外国的爱好者来说，这些地方成了意大利面的代名词。

意大利面也许是通过北非人和西西里人的来往传到意大利的，但让它变得广受欢迎的是那不勒斯和当地文化。因为在那个时代，通心粉经常出现在画作中，它变成了一种"街头食物"（至少从18世纪初开始），在街头的售货亭中烹煮和售卖，没有配菜，也不加胡椒粉和奶酪碎调味。意大利面首次出现在意大利的几个世纪后，即19世纪末，同样是在那不勒斯，令人难忘的意大利面菜肴组合出现了，即番茄酱意大利面。

从最开始出现至今，意大利面的外观也逐步发展了，但是发展的进程比较缓慢。在现代家庭和手工制品中，你还是可以找到手工制作或简单的原始工具，比如擀面杖。所以，我们会喜欢面疙瘩、猫耳朵面、贝壳通心粉、卷曲意面（特飞面），这些面的形状都是用手指或擀面杖擀出来的。用这些简单的工具做出的第一种意大利面是什么呢？是古罗马千层面的后代，千层面家族们，包括意式干面（Tagliatelle）、意式细宽面（Tagliolini）、意式宽面（Fettucce）、意大利宽面（Fettuccine）……因此，在某些地区，因为人们对其味道的认可，这种千层面逐渐被称为"Pappardelle"或"Paparelle"（这两个词由意大利语流行的动词Pappare演变而来，意思是狼吞虎咽）！

即便是通过切割形状制作的小型意大利面，也要进行后续的手工处理：蝴蝶面（Butterflies或Stricchetti）需要用手指捏住面片的中间部分，通心管面（Garganelli）需要将方形面片卷成中空的管状，而压花圆面片（Corzetti）

则需要用模具在面团上印上图案。

以装饰性压花为基础，人们想到的不仅仅是手工制作图案，还想到用模具制作固定的意面形状。通过这一步，意大利面生产开始从传统厨房生产转移到了使用特殊定制机器辅助的手工制作。压面机最开始是通过机器“穿”出意大利面的（因此这种顶部有孔的压面机叫作“Trafila”）。这些模具是Trafila的真正的艺术性所在，是技术精湛的工匠们倾注热情研究的课题，他们能够通过使用不同材料（最开始使用铜，后来使用青铜和钢以及其他现代材料）来创造和改进这种工具。多年以来，这种工具让我们得到了无数高品质的意大利面。

还有很多人认为意大利面起源于中国。马可·波罗（1254—1324年）在13世纪末将其旅行回忆录《马可·波罗游记》（*Milione*）口述给鲁斯提契洛，鲁斯提契洛将其转录为法语版《马可·波罗游记》（*Le Divisement Du Monde*）。在这本书中就有对此说法的相关描述。但是，正如我们所看到的那样，意大利面的发现和演变是并行的，其中也包括东方地区，而认为意大利面是从中国传到意大利的说法似乎更像是一个神话。

马可·波罗在说到一个东南亚岛屿国家班卒儿时这样表述：“他们当地没

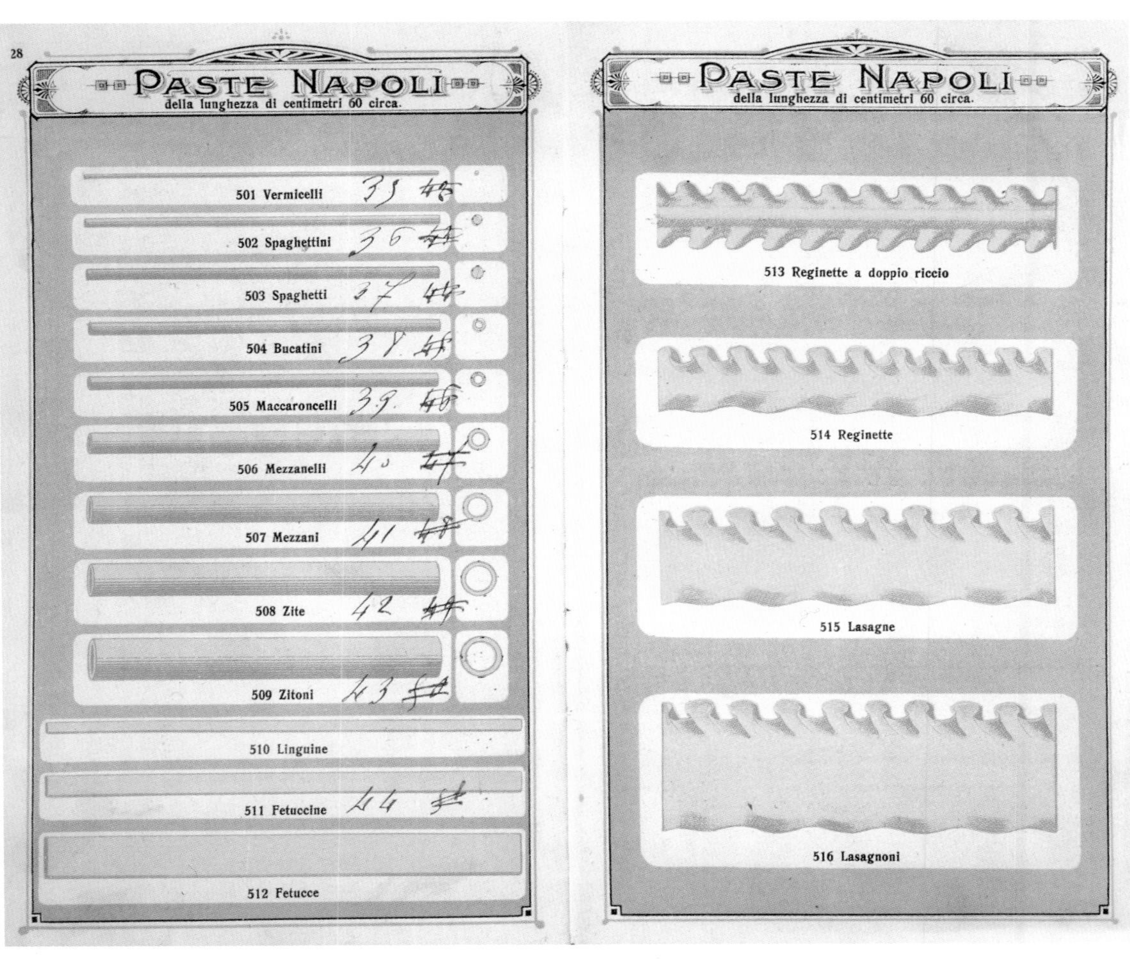

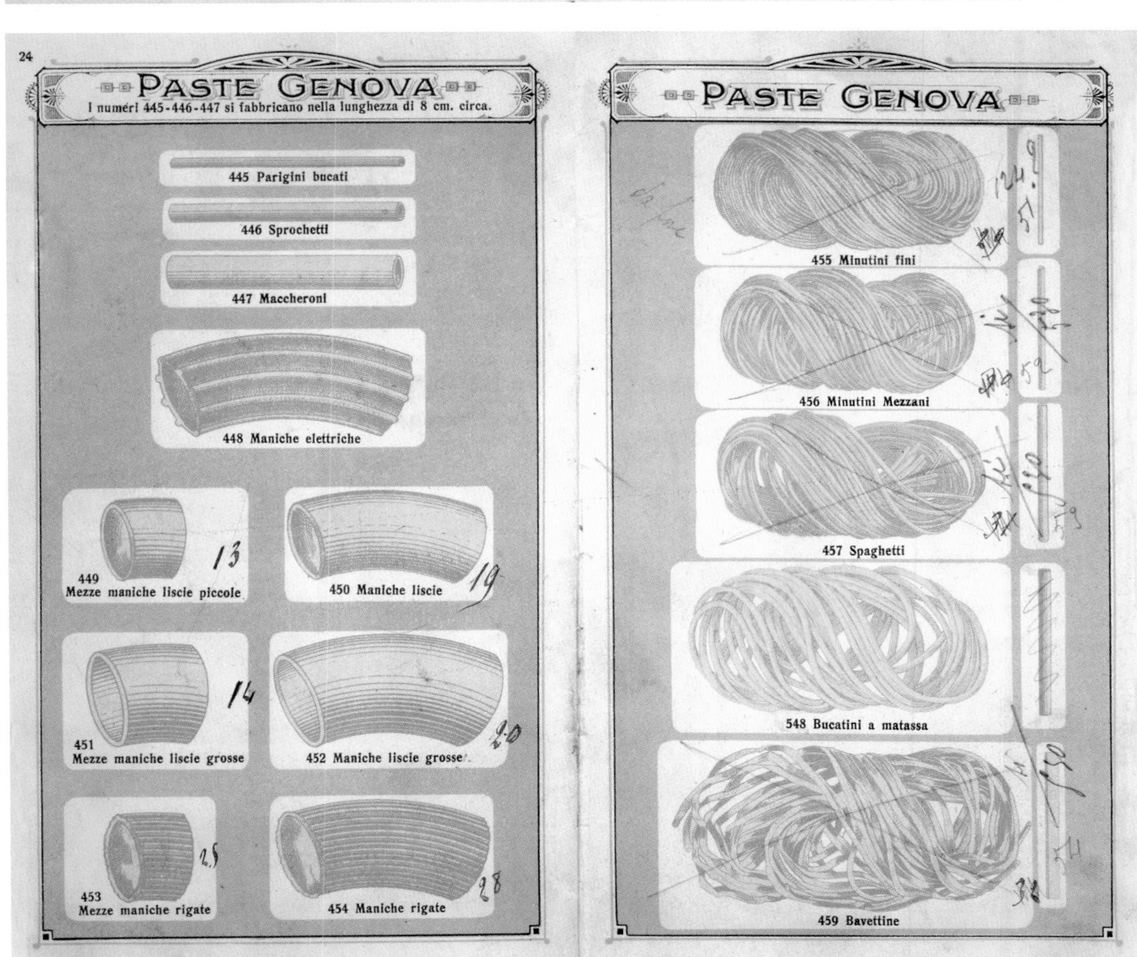

《1916年百味来意面概览》中的几页关于意大利面分类的图纸，当时的分类还是依照意大利面的产地来划分的：如长面来自那不勒斯，短面来自热那亚，蛋制面类来自博洛尼亚

有小麦……但让我惊讶的是，他们有一种‘面粉树’，树型巨大，皮很软。这种树很多，树上结满了非常好吃的果实，我们吃了很多。我经常吃它。”在最初的法语版本中，说该岛的居民“没有小麦或其他谷物”。马可·波罗提到的树是西米树，苏铁属和鱼尾葵属的棕榈树的俗名，可以产出淀粉食物。在《马可·波罗游记》的第一个意大利语版本中，巴蒂斯塔·乔万尼·拉穆西奥（1485—1557年）在书中添加了如下注释：“……树干中的可食用物被清洗过水，作为原料制成千层面、意大利面和其他菜肴，马可·波罗说他吃过很多次。他还带了一些干的面粉树食物回威尼斯，味道尝起来就像大麦面包一样……”

朱塞佩·普雷佐里尼在20世纪30年代写的文章中解释了关于面条是从中国进口的误解：“在美国，人们对拉穆西奥的话深信不疑……并且得出结论说，这就是证明。”意大利面起源于中国的误解是从美国传遍全球的。事实上，马可·波罗旅行的时候，意大利面已经在意大利出现长达几个世纪之久，毫无疑问，是意大利人发明了压面机和模具，而它们是将硬粒小麦和粗粒小麦粉制成意大利面的必要工具。

多亏了一些个体企业家的倡导，他们有些是本地居民，有些是专门来到当地学习意大利面的，多亏了他们，意大利面制作领域进一步扩大。有历史证据表明，早在13世纪末，就有记载显示，意大利面已经在佛罗伦萨、米兰、克雷莫纳、洛迪和威尼斯出现了，那就是令人难以忘怀的撒丁岛通心粉和罗马细面。感谢技术发展，意大利面传向世界的速度极大地提高了。从手工制作到原始工业，再到完全的工业生产，意大利面产品传播到了那些原本并不具备天然的最佳干燥气候条件的地区。感谢技术发展，对意大利面制作来说最重要的要素是可以完全不再依赖于气候和季节等变化条件，制成最终成品的过程更加安全，工业化更加统一。意大利面通过出口到其他国家，开启了其“长青之旅”。西西里岛和热那亚以出口美食而闻名，意大利面产品很快引起了其他国家的关注。当时还未成为美国第三任总统（任期1801—1809年）的托马斯·杰斐逊（1743—1826年）在巴黎担任美国驻法国大使时，曾派出一名使者，为国家寻找新的农业和工业策略方案。1797年，杰斐逊派威廉·肖特去那不勒斯，在那里，他成功采购了一台意大利面压面机，并运送到了美国。杰斐逊还收集了一些通心粉食谱，率先在美国推广实践。他甚至还编写了一本家常食谱，告诉大家如何制作这种意大利招牌菜。在第一次世界大战之前，这种意大利面一直从原产地国家大量进口。

一台类似于杰斐逊在那不勒斯购买的那台压面机的机器也从意大利进口到了瑞士。1731年，迪森蒂斯本笃会修道院的一位修道士安装了一台通心粉压面机。这种发展使得意大利面文化在阿尔卑斯山脉北部缓慢地传播。直到18世纪末、19世纪初，成千上万的瑞士人在意大利（特别是那不勒斯）定居，这些瑞士人包括士兵、银行家、收债人、工业纺织品巨头和酒店经营者，这时，意大利面才真正开始名扬联邦。

这些瑞士人中的其中一个人——工程师奥古斯特·凡·维塔尔来自伯尔尼行政区的图恩，带着他的儿子特奥多尔，作为杜布瓦公司的技术人员来到坎帕尼亚，负责建造第一条意大利铁路，即那不勒斯—波蒂奇线。奥古斯特娶了托雷安农齐亚塔著名的手工面包师的女儿罗塞塔·因泽里洛为妻，转而成为一名意大利面制造商。他把小车间变成一家真正的意大利面制造厂。1879年，奥古斯特的儿子乔瓦尼进一步扩大了规模。乔瓦尼同时还将他的姓“那不勒斯化”，改成了Vojello。今天，Vojello家族成为那不勒斯美食烹饪的一种象征，于1973年成为伟大的百味来家族的一员。彼得罗·巴里拉（1845—1912年）来自一个面包师家族，自1553年开始，这个家族就在波河流域的城市帕尔玛从事面包制作。1877年，

19世纪30年代，托雷安农齐亚塔（那不勒斯）的手工意面制作展示

他开了一家专门经营面包和意大利面的小商店，后来（历经四代，超过一个世纪的经营）成为意大利面的世界领导者，遍布全球四大洲100多个国家。

意大利面是一种家庭自制的创造产物，是当地的农产品（小麦、鸡蛋、蔬菜、鱼、肉、奶酪）加上一点技巧和无限变化相结合的产物。在不同的食谱中，人们可以品尝到相对应的各式各样的口味，民间智慧同样创造出各种营养配比完美的组合。毫无意外，意大利面逐渐被大众接受，成为餐厅中的主菜，同时，当只想吃顿简餐，节省时间时，它依然是你的理想选择。

无论你在哪里吃意大利面，在家里、餐厅、公司，或者和朋友一起，它都是一种让人快乐的食物，因为它融合了千年的烹饪历史和众多意大利美食大师的非凡想象力。

干意大利面的生产制作由四个阶段构成：原材料混合，面团的揉合和精制，根据意大利面的不同种类制型以及干燥过程。随着时间的推移，这些阶段在技术手段的加入下，已经逐渐有了改进和转变。在下面的内容中，我们将一起走过一段迷人的旅程，看意大利面制作是如何发展到目前使用超现代化设备的。

原材料粗粒小麦粉是由硬质小麦磨粉得到的。在碾磨前，需要先进行预先清洁，通过过筛，去除残留物或杂质。这一过程原来是手工处理完成的，后来发展为机械处理。

这一过程做完之后，接下来就是混合阶段了，需要将适量的粗粒小麦粉和水混合。最初，这一过程是手工完成的，通过脚踩混合原材料，后来改进为使用特制机器来完成，卫生程度有了很大的提高。其次，混合面团时，需要选择合适的水温，根据“冷”和“热”的不同需求，水的温度可以从低温15~25℃到高温40~100℃。水温的选择是根据粗粒小麦粉的质量和干燥过程中发酵的程度，每一个细微差别都会影响最终产品的品质。

出于类似的原因，混合阶段持续时间不得超过5~20分钟，以防在干燥过程中面团破损。

20世纪初，不同类型的搅拌机被发明和使用：小型金属搅拌机，容量为4.5~27千克，需要人工手动操作。这些搅拌机通常配备有可以翻转的盛料桶，使用者可以直接将混合好

香味的产生。帕尔玛百味来公司完整的意面生产工业流水线，包括面团混合机、揉面器、压面机，资料可追溯至19世纪90年代

20世纪20年代，意大利面制作厂里的“铁齿”面团混合器配合瀑布冲刷式的揉面器

的原料倒出来准备揉制，进行第二阶段的处理。

搅拌机很快被大规模采用。新型发动机的生产提供了高加工精度和更好的产品质量：这些机器可以一次处理100多千克面团。

其他技术性改进还包括增加了一个旋转的杆轴，用来做搅拌器的准备工作，这使得装混合物的盛料桶保持清洁，从而防止后续过程中由于未被除去的残余物引起发酵。

在老式意大利面工厂中，搅拌机放置在较高的位置，即揉面机的上面，二者需要同步使用。这样，两项加工工作之间的时间间隔被优化了，能够防止面团变干或过度发酵问题的出现。

制作面团的下一个阶段是进行搅拌或揉制。这一步骤是将面团的软硬程度加工至最佳，使其更加紧致和均匀，更有弹性和耐用，颜色更加均匀。

最开始的手工揉制是由所谓的“擀面杖”完成的：使用一根长的木棍，用臂力碾压面团。将面团放在桌子上或者其他光滑的表面上，擀到足够软。这种方法需要大量的肌肉和力量才能完成。

在同一时期，特别是在利古里亚地区，采用了一种类似于磨坊中所使用的技术方法。使用大理石轮子或其他石头“碾磨”面团，将其压入圆盆中，持续施加压力。这种揉面的模式面临一些挑战，因为轮子很光滑，没有凹槽，会与面盆产生很大的摩擦力，有可能会捣碎面团，致使其在外观上发白，在烹饪过程中变得脆弱。

具有凹槽的滚轮更加合适，因为它能够让压力间隔地施加在面团上。在“擀面杖”之后，最好的揉面创新就是“滚子轴承”的使用。这一方法已经被证明是处理各种面团的最佳方法。采用“滚子轴承”的揉面方法包括将面团放入一个圆桶中，该圆桶可以沿其轴线旋转，同时用机架上两个带凹槽、旋转的滚轴逐渐挤压面团。然后，可以用机械方式或手动方式向相反方向转动。

轧制概念还发展出了另一种揉面的方法，即使用“刀片”。使用一张木质的圆桌，沿其轴线缓慢旋转。将面团放在桌子上，不断被压下来的木质“刀片”有节奏地反复轧制。

根据位置的不同，揉面过程也有所不同：那不勒斯的做法更喜欢使用“刀片”，和“杖”的形式很相近，因为它最适合于热面团。在利古里亚和威尼托的某些地区，首选的揉面方法是“碾磨”。而最常见的方法是“滚子轴承”。

下一步操作过程叫“成型”，在一般样式的意大利面实际操作中并不是都会采用。在这一步中，会将面团轧过两个光滑的滚轴，以加强其均匀性。主要

带齿轮的揉面器，由米兰的Fratelli Fravega提供，数据可追溯至20世纪

意大利面制作厂的木质揉面器图解，由亚历山大・卡帕提供（博洛尼亚，1678年）（下页）

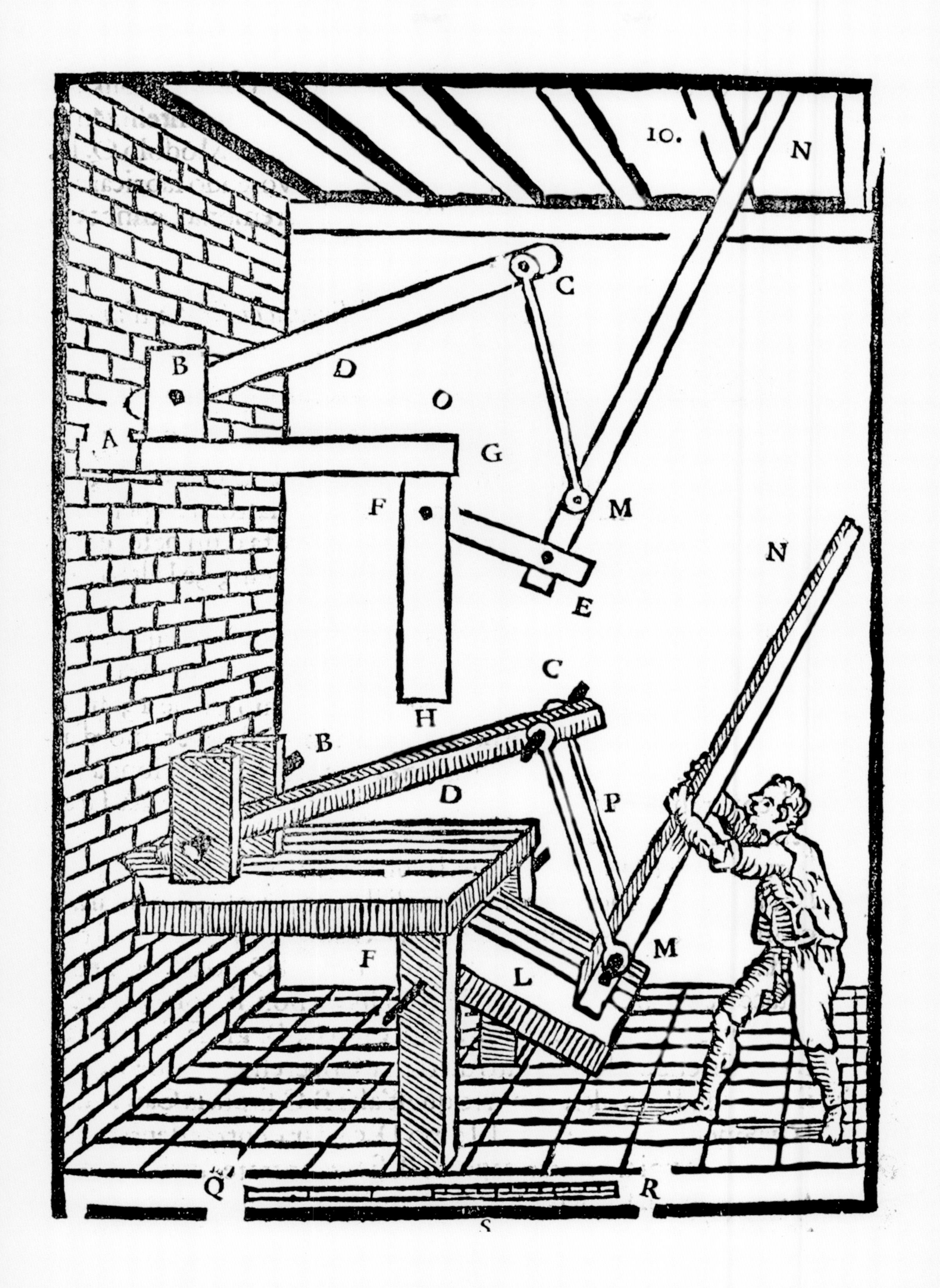
10.
N
C
B
D
O
A
G
F
M
N
E
C
H
B
D
P
M
F
L
Q
R
S

用于制作薄片或特制意大利面，特别是那些含有鸡蛋或需要用面团手工制作的意大利面。

最初，面团只能通过“轧制”成型，特别是那些对手工艺要求较高的意大利面类型。随着工业生产的发展，挤压成为意大利面成型的一种方法，先是用力压过一个铜制压型模具，然后通过一个青铜压型模具，这个模具上开有洞孔，用来压制出不同形状和尺寸的成品。

这些金属压型模具用螺旋机构安装在压型机上（水平或者垂直），可以将面推入内盒，然后用发动机使其通过压面机。根据意大利面的类型，刀面被安装在压面机的出口处，以便在面团被压出时有节奏地进行切割。这些模具上的开孔同样考虑了后续意大利面成品干燥时会发生的变化，因此模具开孔的尺寸会比实际需要尺寸大10%左右。

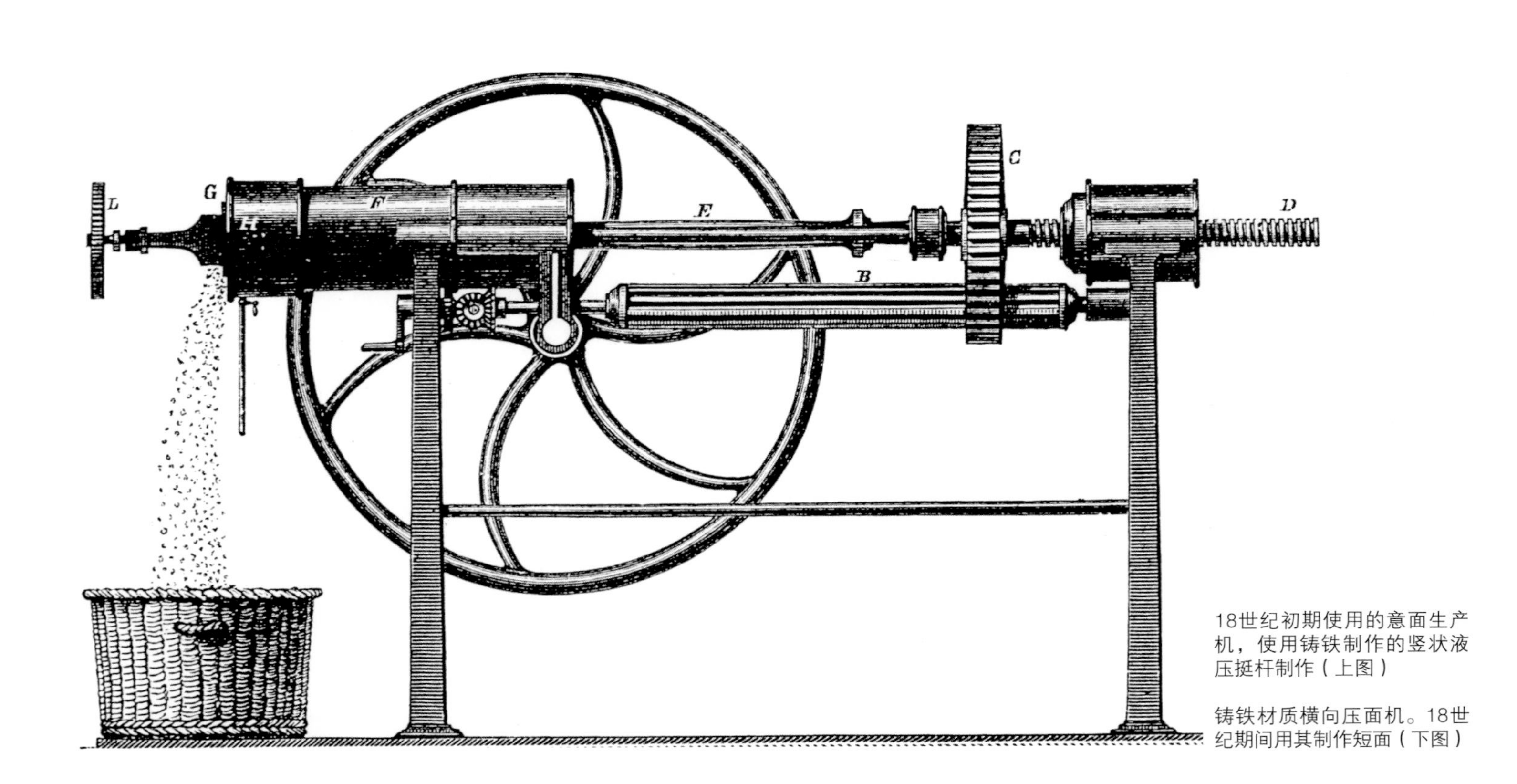

18世纪初期使用的意面生产机，使用铸铁制作的竖状液压挺杆制作（上图）

铸铁材质横向压面机。18世纪期间用其制作短面（下图）

蝴蝶面的生产器具。照片拍摄于1923年

在意大利面产业漫长的自动化进程中，液压机最终取代了手工“轴承”。第一款机型是由那不勒斯的帕提森公司在1870年左右制造的，虽然价格更贵，但在制作生产方面更加方便。使用这种压面机，可以加工各种面团，使用热且软的面团产量会更好，机械化工作相对不那么复杂，失败率也更低。

使用压面机制作的意大利面会人工放在长棒上散开。刚从机器中出来时，会先掉落在一个更基础的预干燥设备（Trabatto）上。使用它可以摇动意大利面，将其散开，以避免意大利面由于潮湿和变形而粘在一起。

这些意面在长棒或“涂油托盘”上铺开之后，进入干燥过程，这对于产品

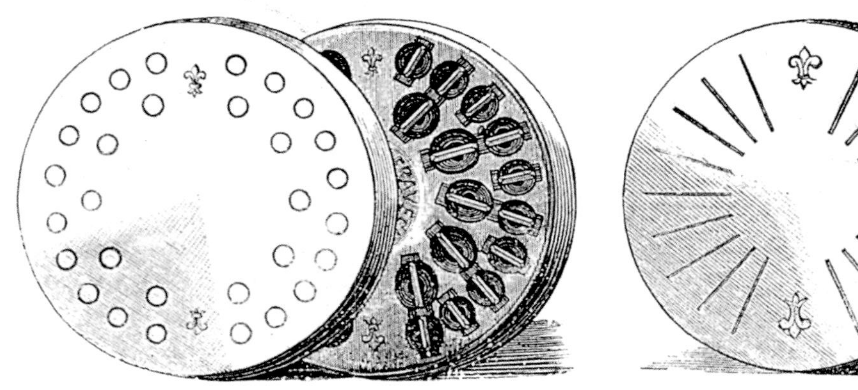

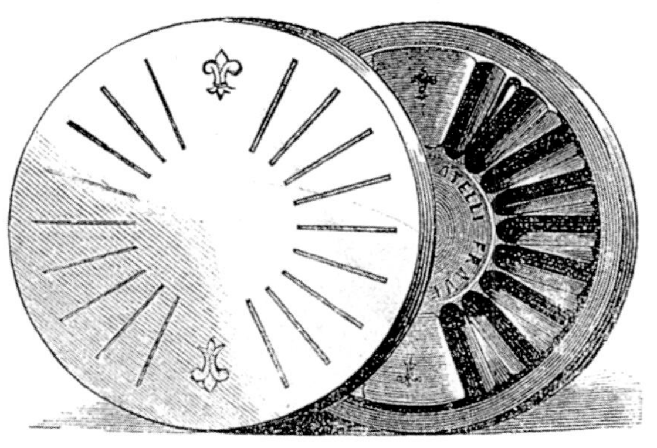

来自Chimica Della Vita Quotidiana的木质压面机其中的一些零件。照片由弗朗西斯科・利勿里奥克（都灵，1899年）提供

保存和销售至关重要。

和流程中其他所有阶段相比，这一阶段需要更多的知识运用和人工看管。在过去，干燥工作只能在最有利的自然条件下完成。因此主要生产制作地点的地理位置大多位于沿海和海洋区域，受益于当地间歇性季风的影响。

这一阶段几乎成了一种“仪式”，产生了一种类似于巫术的职业角色：“首席意大利面制造者”知晓季节、风的情况，知道它们的变化会阻碍意大利面完成其“神奇的魔法”。这样的知识（即便是这样的经验性证据）是复杂和丰富的，是一种真正的艺术。操作分阶段进行。

首先的干燥阶段会在庭院或露台上的阳光下进行，以使意大利面的表面变硬，并产生一种纸一般的质感。其次，进行回火阶段处理，这个阶段在凉爽的地窖中进行，使意大利面中的剩余水分在整个产品中均匀分布。最后的干燥阶段在朝向好的大房间中进行，保证意大利面的开口放置在通风环境中。

在所有密切依赖于自然条件的过程中，很明显，避免变化性和确保这些条件的实现同样非常重要。

很快，人们开始设计和建造人工系统。系统中使用了装有机械通风机和散热器的封闭空间，可以根据需要产生热量和微风。这可以追溯到1875年，那时候人们已经开始使用可以实现这一目的的设备：一个木头和铁制作的笼子，放在一个多边形盛盘上，被称为“转盘”，可以沿自身轴线旋转，让意大利面（放在框架或芦苇上）进行干燥。但是，这种意大利面干燥方法并不完美，需要等待很长时间，直到1989年，测试实现了一种人工系统［称为“托马西尼”

蛋制面及长通粉的烘干机，1914年百味来意大利面制造厂，两张图均由路易奇·瓦吉拍摄

（Tommasini）方法］，可以重现自然条件。这种方法的第一个阶段会根据意大利面的形状，在加热到30~35℃的沉箱中进行30~60分钟的加热。然后将意大利面放在房间中，蒸发剩余水分，然后才能放入最后的干燥室中。在干燥室中，通过机械人工控制通风设备，可以有规律地选择回火阶段的速度。短意大利面可以在24小时内烘干，长意大利面则需要3~6天。虽然这种方法可以节省大量的时间和空间，但是托马西尼方法仍然需要大量的劳动力。

直到20世纪初，我们才开始看到R. 罗维塔和G. 法尔奇的专利的出现，在封闭的人工环境中实现了干燥过程。这一阶段中的其他重要技术创新还包括马雷利自动干燥机和Ceschina干燥室。

这些机器现在都可以复制普通的原始工业和手工艺生产制作，但缺少了更深远的最后一步：创造一个持续完整的生产周期。特别是，它缺少了一条生产线，工厂不能实现放进原材料后，直接产出安全、完善且品质一致的产品。

为了实现这一点，需要再次创新改良，将生产流程中的某些阶段自动化，并组合在一起。第一台连续压制机器是由费雷奥勒·桑德真经严谨的观察和洞察后制造出的，他是Mecanique Meridionale公司（一家为意大利面工厂制造机器的公司，建造了第一台制作鸟巢意面的机械卷取机）的一名退休员工。桑德真曾受雇于砖块制造工厂，能够仔细观察制造砖坯的机器，并使用观察到的方法制作了一个原型：两个齿轮不断旋转，将黏土压过塑形链，然后将压出来的砖块用线切成固定大小。他将这个原型展示给他以前的雇主，稍加改良后，获得了桑德真专利（1917年），以肯定他的工作，并在开始生产新的连续压制机前按比例随生产量付给发明者费用。

这一发明——可以使用这一台机器合并原来各个面团制作、揉制、成型阶段——获得了极大的成功。1929—1939年，这家法国公司

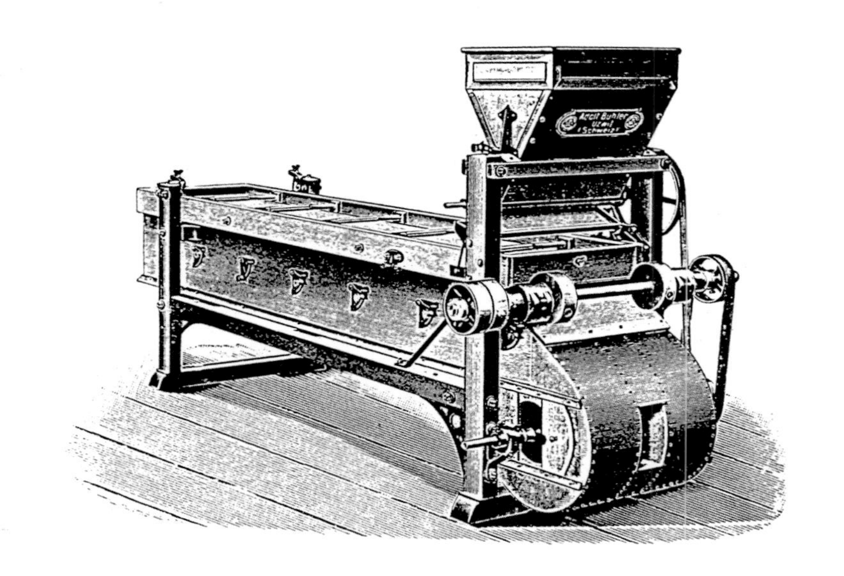

第一台“自动压面机”，被称为Marsigliese，1917年得以改良。它是基于传统的压面机改良而成的，利用一个无限循环的螺丝装置，从而使面条生产实现初次的自动化

基本上每天都会生产出一台机器。第一台意大利制造的连续压制机器追溯到1933年由帕尔玛工程师朱塞佩和马里奥·布雷班迪构想的一个项目。

最后，需要一个有效的干燥过程，以实现完全自动化的目标。在制造短意大利面时，架子被换成了传输带，可以将制品传送至不同的干燥间。长意大利面的处理更加复杂，通过机架或链条系统来完成。这场漫长的发展演变带来了现代意大利面工厂，不仅制作出了以前手工匠人难以想象的意大利面产品，还在卫生和质量方便达到了非常卓越的程度。

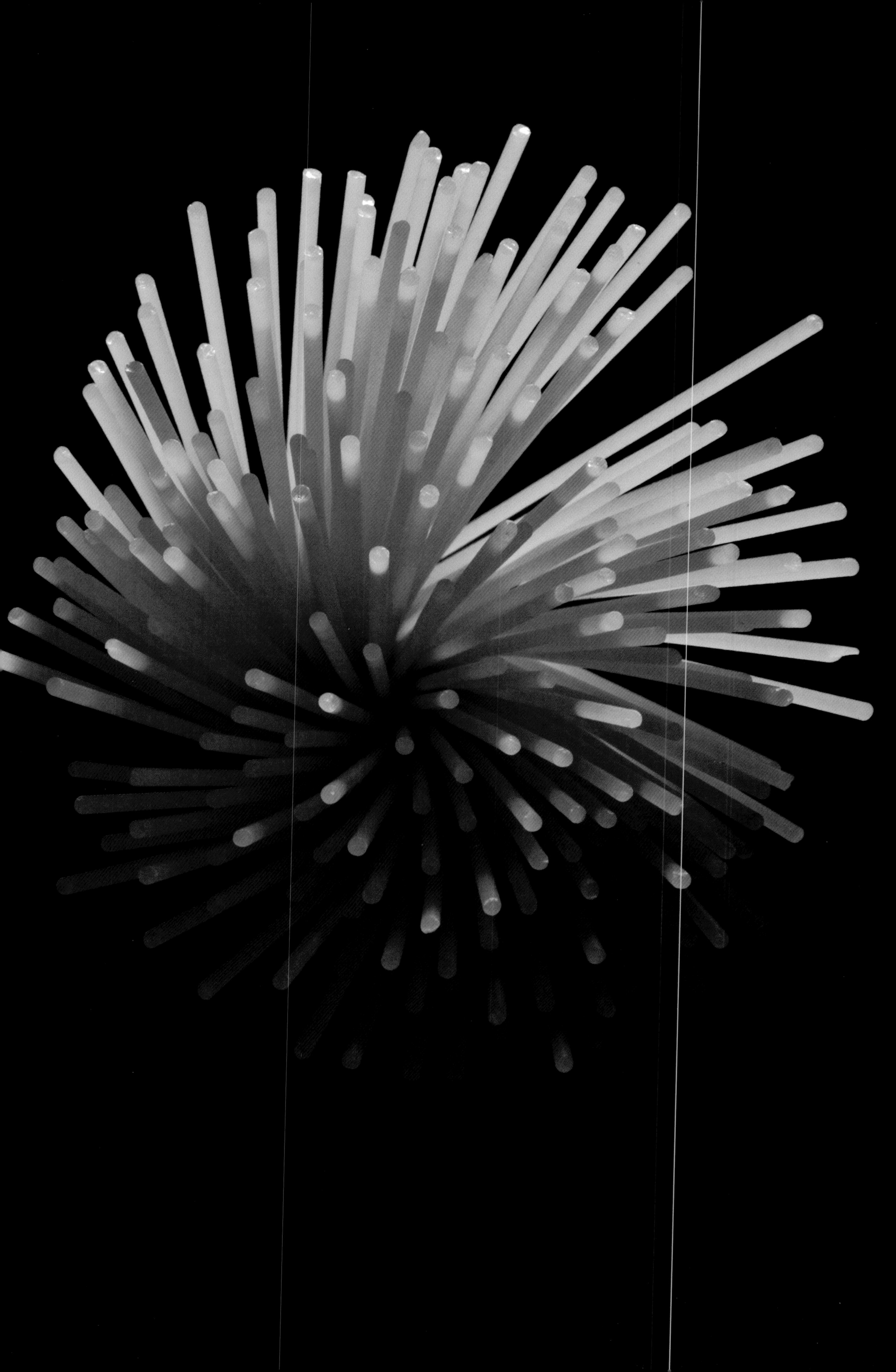

硬质小麦粗粒小麦粉意面

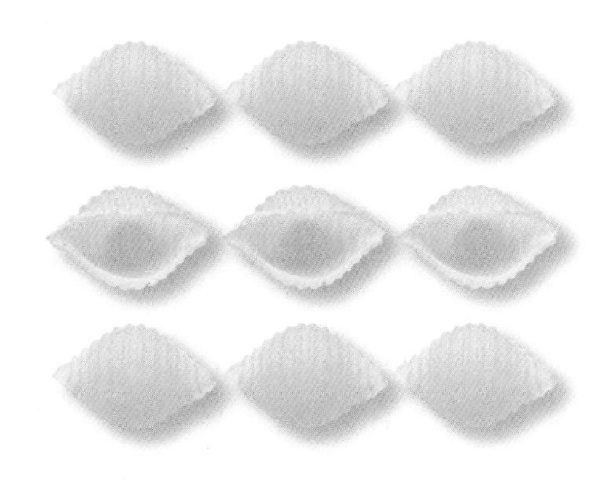

意大利面可以分为两大主要类别：干意大利面和鲜意大利面。但是，这种分类只是根据意大利面的干燥过程来定义的，是为了更好地保存意大利面。

如果我们查看面团的成分，则应该将意大利面分为以下几种：硬质小麦粗粒小麦粉意大利面、鸡蛋意大利面、填馅意大利面和特色意大利面。

如我们今天所知，干的硬质小麦粗粒小麦粉是在12世纪被引入西西里岛的，然后在13—16世纪迅速传播到了热那亚和那不勒斯。随着19世纪干燥技术的推广，意大利面生产得以在全国范围内扩展。

使用硬质小麦制作的意大利面现在几乎完全按照工业规模生产。面团由粗粒小麦粉与水混合后制成，意大利面的形状是由挤压机制作的，挤压面团通过塑形模具，然后按照最终成品尺寸切割（在干燥过程中，其尺寸将缩小，干燥后面条尺寸固定，质地干硬，可长期保存）。

最终成品的质量与少数基本原材料的质量密切相关。最重要的是硬质小麦粗粒小麦粉，需要通过细致的研磨和筛分，以及具有最佳分子特征的水。制造过程需要严格把控，以制作出具有特定颜色和风味的产品，更适于后续烹饪。

在硬质小麦粗粒小麦粉的意大利面中，有很多可以追溯到意大利各个地区的古代烹饪传统。最容易区分的是“长意大利面”，虽然它们的尺寸大小可能会有所不同：可以是圆形的，比如意大利细面（Spaghetti）、意式长面（Vermicelli）、天使意面（Capellini），或者厚度不同的圆形意面；可以是圆形中空的，比如意式通心粉（Bucatini）、粗管意面（Ziti）和螺旋纹意面（Fusilli Bucati）；可以是椭圆或扁平形状的，比如意式细扁面（Bavette）、意式长扁面（Linguine）、意式干面（Tagliatelle）和意式细扁面（Taglierini）。后面例子中的“短意大利面”是最常见的。它们可能是光滑的或者有纹理的，包括斜管面（Penne）、粗通心粉（Rigatoni）、通心粉（Maccheroni）、套袖意面（Mezze Maniche）、螺旋纹意面（Fusilli）、螺旋意面（Eliche）和小贝壳意面（Conchiglie）。在本章中，可以看到很多尺寸更小的意大利面，包括圆圈意面（Anellini）、顶针意面（Ditalini）和星星意面（Stelline）。

还有一种分类方法是根据其在制作中使用的挤压工艺的不同来定义的：比如蝴蝶面，也称为Stricchetti，其特征在于面片的中间部分是压在一起的。最后，还有一些通过特定流程制作的带有地方特色的意大利面形状。其中一个例子是威尼托的Bigoli，一种大直径的意大利细面的前身，是使用一种自制工具挤出来的。此外还有利古里亚的特飞面（Trofie），使用一种带馅的面团，揉制并在最后回火，搭配青蒜酱很合适。以及Corzetti，产自利古里亚，是硬币形状的意大利面，以前用来印制各家族的徽章。普利亚的猫耳朵意面（Orecchiette）像一个被挤压的耳朵形状的小饺子，是使用刀片作为抹刀来制作的。撒丁岛的螺纹贝壳意面（Malloreddus）是带有一个揪起的“冠头”形状的小饺子，需要配上丰富的番茄酱和各种肉类一起享用。至于酱汁，那就要开启另一个全新的世界了。正如朱塞佩·普雷佐里尼在他的关于意大利面的书中所说的那样：“关于酱汁的‘学派’比哲学领域的还要多。”

特拉斯提弗列意式细扁面

TRASTEVERE-STYLE BAVETTE

难度系数： 1级

分量： 4人份
准备时间： 25分钟
烹饪时间： 10分钟

400克意式细扁面
4 条脱盐凤尾鱼
100克脱水金枪鱼
100克蘑菇
30毫升特级初榨橄榄油
2瓣大蒜
150克番茄
1汤匙欧芹碎
15克黄油
盐
胡椒粉

料理方法：

在平底煎锅中加入一半特级初榨橄榄油，并放入1瓣蒜。待油热后即取出蒜瓣。将两条凤尾鱼冲洗干净，切成小块，放入锅中小火煎煮。将番茄汆烫后去皮，去子，加入锅中翻炒。

将金枪鱼放在砧板上切块。当锅中酱汁开始变稠时，加入金枪鱼块。加入少许盐和大量胡椒粉调味，继续烹煮。同时，仔细清洗蘑菇，切成薄片。

加热平底煎锅，加入余下的特级初榨橄榄油和蒜瓣，蒜瓣开始变色即取出。加入蘑菇，加入盐和胡椒粉调味，开大火烹煮。收汁变干后，加入黄油。将余下凤尾鱼用刀片碾碎，放入锅中翻炒。

黄油融化后转为中火，加入一汤匙欧芹碎。在一只大平底锅中加水和少许盐，煮沸，加入意式细扁面，煮至软硬适中后捞出。浇上预先准备好的酱汁，撒上蘑菇。即可享用。

菊苣橄榄酱意式细扁面

BAVETTE WITH CHICORY AND OLIVE PATÉ

难度系数： 1级

分量： 4人份
准备时间： 20分钟
烹饪时间： 10分钟

400克意式细扁面
100克菊苣
2瓣大蒜,切碎
40克黑橄榄酱
40克新鲜磨碎的佩科里诺干酪
30毫升特级初榨橄榄油
盐
胡椒粉

料理方法：

清洗并择净菊苣。在盐水中煮沸5分钟后捞出沥干水分。在一只大锅中加水和少许盐，煮沸，加入意式细扁面。同时，在平底煎锅中用中火热油，轻轻煸炒蒜末，直至颜色金黄。

加入菊苣，继续烹煮几分钟。加入橄榄酱搅拌均匀。意面煮至软硬适中后捞出沥干水分。加入准备好的酱汁，撒上佩科里诺干酪碎。

橄榄酱基本上选择黑橄榄酱，产地在普罗旺斯，由黑橄榄、油、大蒜和香草制成。这种酱料在日常商店中很容易找到，可以用作意大利面酱和小吃。

佩科里诺干酪番茄意式通心粉

BUCATINI WITH PECORINO AND TOMATOES

难度系数： 1级

分量： 4人份
准备时间： 15分钟
烹饪时间： 25分钟

400克意式通心粉
350克番茄
1汤匙欧芹碎
1个洋葱
4片罗勒叶
1瓣大蒜
80克切片佩科里诺干酪
50毫升特级初榨橄榄油
盐
胡椒粉

料理方法：

罗勒叶、洋葱和大蒜切碎。在平底煎锅中用中火热油，加入切碎的配料和欧芹碎，轻轻煸炒。

将番茄纵向切成楔形，并用叉子将其切开。加入锅中与煸炒好的配料混合，撒上盐，继续烹炒15分钟。

在一只大平底锅中加水和少许盐，煮沸，加入意式通心粉，煮至软硬适中后捞出。浇上备好的酱汁，再撒上胡椒粉调味。将意式通心粉放入耐热餐盘中，加入一点面条汤。撒上切片佩科里诺干酪盖住表面，再将其放入预热至180℃的烤箱中烤10分钟。取出后，分成4份，立即趁热享用。

番茄肉酱意式通心粉

BUCATINI WITH AMATRICIANA SAUCE

难度系数： 1级

分量： 4人份
准备时间： 15分钟
烹饪时间： 12分钟

400克意式通心粉
200克猪颊肉或意大利烟肉
4个番茄
3片罗勒叶
2瓣大蒜
1个新鲜红辣椒（或2个干辣椒）
30毫升特级初榨橄榄油
40克磨碎的佩科里诺干酪
盐
胡椒粉

料理方法：

将猪颊肉或意大利烟肉切片，然后切成条状。在平底煎锅中用中火热油，加入猪颊肉或意大利烟肉，煎至出油。

在平底锅中烧开热水，将番茄氽烫20秒后去皮，去子，再切成小块。蒜瓣切碎，放入已加油的平底煎锅中，翻炒几秒。将罗勒叶撕成小片。加入番茄、辣椒，加入盐和胡椒粉调味。继续烹煮10分钟。

在一个大平底锅中加水和少许盐，煮沸，加入意式通心粉，煮至软硬适中后捞出摆盘。浇上预先准备好的酱汁，撒上磨碎的佩科里诺干酪。

所属意大利地区： 拉齐奥

美食历史

番茄肉酱这个名字由阿马特里切而来。这是一个位于拉齐奥区的小镇，属于意大利列蒂省。

另外一种叫作阿马特里切白酱的酱汁同样使用了猪颊肉（意大利烟肉）和胡椒粉，二者的区别在于番茄肉酱在制作过程中使用了番茄。加入番茄的做法，通常搭配长意大利面，比如意式通心粉（细长、中空管状意大利面）或者意大利细面，这是一种传统的意大利惯例。早在19世纪，法国美食家格里蒙·德·拉-黑尼叶在他的《老饕年鉴》（*Almanach Des Gourmands*）中就已经有所记载。

在罗马，番茄肉酱通常是用来搭配意式通心粉的，并且会撒上佩科里诺干酪。而在阿马特里切，番茄肉酱更习惯于搭配意大利细面。

来源：百味来烹饪学院美食图书馆

卡鲁索风味意式通心粉

BUCATINI CARUSO-STYLE

难度系数： 1级

分量： 4人份
准备时间： 25分钟
烹饪时间： 12分钟

400克意式通心粉
300克新鲜或者罐装番茄
1个红色或者黄色柿子椒
2瓣大蒜
1个碾碎的辣椒
30毫升特级初榨橄榄油
少许至叶
4片罗勒叶
1汤匙欧芹碎
1个小胡瓜（西葫芦）
1汤匙面粉
1.5升葵花子油
盐

料理方法：

平底煎锅放入特级初榨橄榄油，中火烧热。蒜瓣分成4份，放入锅中文火慢煎，变色后取出。将番茄和柿子椒切成大块，放入锅中。开大火并在酱汁中加入牛至叶、碾碎的辣椒以及罗勒叶。

小胡瓜（西葫芦）切成圆片，裹上面粉，放入烧热的葵花子油中炸。盐水烧沸后煮意式通心粉，煮至软硬适中后捞出沥干水分。浇上准备好的酱汁，放入炸好的胡瓜片并撒上欧芹碎。

所属意大利地区： 坎帕尼亚

美食历史

这个食谱是由一位伟大的男高音歌唱家卡鲁索创造的，他是一个热爱家乡（那不勒斯）美食胜于一切的人。传说中，卡鲁索曾经被他的当地同胞冷漠对待，他发誓以后绝不会再在那不勒斯演唱，但是他还是会回去享用他最爱的意大利面。

蘑菇意式通心粉

BUCATINI WITH MUSHROOMS

难度系数：1级

分量：4人份
准备时间：15分钟
烹饪时间：15分钟

400克意式通心粉
4条盐腌凤尾鱼
60毫升特级初榨橄榄油
50克干牛肝菌
2瓣大蒜
1汤匙欧芹碎
50克面包屑
盐
胡椒粉

料理方法：

将干牛肝菌在水中浸泡好后切碎。在平底煎锅中放入一半的特级初榨橄榄油用中火烧热，放入牛肝菌和少量水、盐和胡椒粉。待牛肝菌煮熟后，将其过筛成泥状，并加入少量锅里的汤汁，先放置一边。

将另一半的特级初榨橄榄油放入平底煎锅中，将蒜瓣煎至变色，再将其取出。加入蘑菇酱和汤汁，搅拌一分钟，然后关火。凤尾鱼切碎，放入锅中保温。淡盐水烧开后放入意式通心粉，煮至软硬适中后捞出沥干水分，浇上酱汁混合均匀，最后再撒上欧芹碎。搅拌均匀后放在烤碟上。将面包屑放入油中微炸至浅棕色，撒在意式通心粉碟上。放入烤箱焗烤几分钟后直至颜色变成金棕色即可。趁热享用。

渔人风味意式通心粉

FISHERMAN-STYLE BUCATINI

难度系数：2级

分量：4人份
准备时间：15分钟
烹饪时间：20分钟

400克意式通心粉
150克鱿鱼
300克贻贝
300克蛤蚌
150克小龙虾
1瓣大蒜
60毫升特级初榨橄榄油
2汤匙欧芹碎
1片鼠尾草叶
100克番茄浆（番茄酱）
100毫升干白葡萄酒
盐
胡椒粉

料理方法：

仔细清洗蛤蚌，在流动的水下冲洗数次。

用同样的方法清洗贻贝，处理干净。在平底锅里放入蛤蚌、贻贝、蒜瓣及少量特级初榨橄榄油，盖上锅盖，开中火，不时将锅晃动一下。等到贝类的壳都打开后，把壳去掉，并将肉放进砂锅中。

清洗鱿鱼，并切片。将小龙虾的肠线去掉。将贝类的汤汁用筛子过滤到一个碗中。另起一锅开中火烧热剩下的特级初榨橄榄油，加入一汤匙的欧芹碎及鼠尾草叶，紧接着加入鱿鱼。

微煎一会儿后加入干白葡萄酒，煮至完全收汁。放入番茄浆（番茄酱），继续烹煮数分钟，然后倒入一些煮贻贝和蛤蚌留下的汤汁。盖上锅盖再煮6~8分钟。

加入贻贝、蛤蚌及小龙虾。大锅中淡盐水烧开后放意式通心粉煮至软硬适中后捞出沥干水分，浇上预备好的酱汁。撒上欧芹碎和现磨胡椒粉，即可享用。

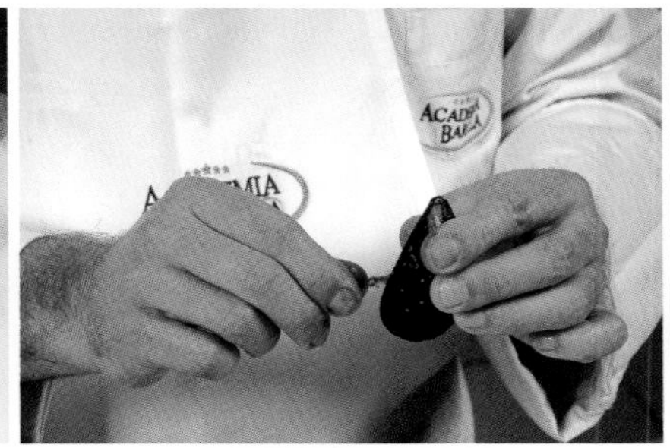

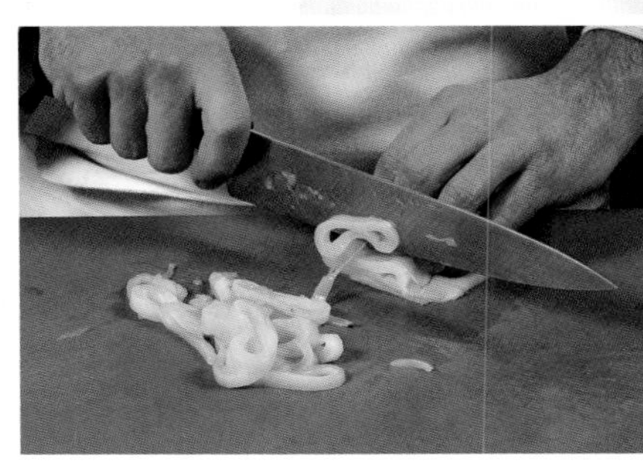

面包屑意式通心粉

BUCATINI WITH BREADCRUMBS

难度系数： 1级

分量： 4人份
准备时间： 10分钟
烹饪时间： 15分钟

400克意式通心粉
4条凤尾鱼
4汤匙面包屑
60毫升特级初榨橄榄油
少许辣椒粉
盐

料理方法：

凤尾鱼去骨并清洗干净。平底煎锅开中火烧热一半的特级初榨橄榄油，并放入凤尾鱼。

微煎凤尾鱼并把肉打散。另起一平底煎锅，开中火放入剩余的特级初榨橄榄油焙炒面包屑，并撒上辣椒粉调味。

大锅中加淡盐水烧开，放入意式通心粉煮至软硬适中后捞出沥干水分。在盛好的面上浇上凤尾鱼和炒面包屑。

ACADEMIA BARILLA

贻贝蛤蚌鱿鱼圈意面

CALAMARI WITH MUSSELS AND CLAMS

难度系数： 1级

分量： 4人份
准备时间： 15分钟
烹饪时间： 15分钟

400克鱿鱼圈意面（厚的圆圈意面）
200克蛤蚌
200克贻贝
80毫升特级初榨橄榄油
2瓣大蒜
2个干辣椒
400克番茄
1汤匙欧芹碎
5片罗勒叶
盐
胡椒粉

料理方法：

在煎锅中将60毫升的特级初榨橄榄油开中火烧热。拍碎蒜瓣并将一半放入锅中，将干辣椒碾碎并放入锅中，加入蛤蚌和贻贝。盖上锅盖炒至贝类开壳。

待蛤蚌和贻贝稍微冷却后，将其去壳，并保留汤汁。将食材保温。将番茄切丁。另起一煎锅开中火烧热剩余的特级初榨橄榄油，并放入剩余的蒜蓉和番茄。烹炒约10分钟，加入蛤蚌和贻贝以及预留的汤汁，再煮5分钟。酌量撒上盐和胡椒粉调味，加入欧芹碎，罗勒叶用手撕成大片加入锅中。

大锅中烧开淡盐水并放入鱿鱼圈意面煮至软硬适中后捞出沥干水分，浇上预备的酱汁。立即趁热享用。

茴香萝卜青葱炖西西里卷条形意面

SICILIAN CASARECCE WITH BRAISED FENNEL, CARROTS AND SPRING ONIONS

难度系数： 1级

分量： 4人份
准备时间： 5分钟
烹饪时间： 25分钟

400克卷条形意面
250克茴香根
100克胡萝卜
200克青葱
2瓣大蒜
80克帕尔玛干酪碎
1汤匙匙切碎的茴香叶
400毫升特级初榨橄榄油
盐
胡椒粉

料理方法：

将茴香根切成两半，然后再切成薄片。胡萝卜去皮，再切成约3毫米厚的圆片。

蒜瓣切碎。将青葱切成约1厘米宽的长条。

在大的平底煎锅中开中火烧热油，加入蒜、茴香片以及胡萝卜片。

开中火烹炒食材，烹炒约10分钟。撒上盐和胡椒粉调味，不时翻炒。最后放入切好的青葱再烹煮3分钟。

大锅烧开淡盐水下卷条形意面，煮至软硬适中后捞出沥干水分，浇上酱汁。

最后，撒上切碎的茴香叶和帕尔玛干酪碎。

墨鱼仔城堡螺旋意面

CASTELLANE WITH BABY SQUID

难度系数： 1级

分量： 4人份
准备时间： 15分钟
烹饪时间： 10分钟

400克城堡螺旋意面
300克处理好的鱿鱼
50毫升威尔帝基欧葡萄酒
2汤匙欧芹碎
1瓣大蒜
30毫升特级初榨橄榄油
1个干辣椒
盐

料理方法：

在一口大平底煎锅开中火热油。鱿鱼切片。加入蒜瓣、干辣椒和鱿鱼。烹炒5分钟，加入葡萄酒，煮至完全收汁。按自己的口味调味并加入欧芹碎。

大锅烧开淡盐水，加入城堡螺旋意面煮至软硬适中。将面捞起并放入烹煮酱汁的锅中拌匀。立即趁热享用。

所属意大利地区： 马凯尔

里科塔乳清干酪卡瓦特利面

CAVATELLI WITH TOMATO AND RICOTTA MARZOTICA

难度系数：1级

分量：4人份
准备时间：15分钟
烹饪时间：10分钟

400克卡瓦特利面
400克番茄
80克里科塔乳清干酪
30毫升特级初榨橄榄油
60克胡萝卜
60克洋葱
60克芹菜
4片罗勒叶
盐
胡椒粉

料理方法：

清洗番茄并切碎。

处理蔬菜，削皮或剥皮，切碎备用。将番茄和其他蔬菜放入锅中开中火烹煮10~15分钟。将蔬菜取出，番茄放入食物加工器中榨汁，将酱汁倒入平底锅中，并加入少量特级初榨橄榄油，撒上盐调味，开中火煮至沸腾。

锅中烧开淡盐水，煮卡瓦特利面。卡瓦特利面完全煮好前几分钟时取出卡瓦特利面并沥干，再将其放入番茄酱汁的锅中，开大火再煮2分钟。

加入2/3的里科塔乳清干酪，搅拌均匀并盛盘。每个盘子上放一片罗勒叶做装饰，并点上余下的里科塔乳清干酪。

蔬菜酱螺旋管通心粉

CELLENTANI WITH VEGETABLE SAUCE

难度系数： 1级

分量： 4人份
准备时间： 10分钟
烹饪时间： 20分钟

400克螺旋管通心粉
50毫升特级初榨橄榄油
1棵小韭葱
1根芹菜
1根小胡萝卜
1个小胡瓜（西葫芦）
50克豌豆
500克番茄浆（番茄酱）
6片罗勒叶
100毫升蔬菜高汤
盐
胡椒粉

料理方法：

如果使用罐装豌豆，需提前沥干水分。如果使用速冻或新鲜豌豆，则用盐水稍微氽烫一下。将其余的蔬菜清洗干净并切成小丁。

在平底锅中倒油开中火，加入蔬菜丁。翻炒数分钟直至蔬菜变为金黄色，然后倒入热的高汤。继续烹煮5分钟，并加入番茄浆搅拌均匀。大火再煮大约10分钟，然后按个人喜好调味。锅中烧开淡盐水，加入螺旋管通心粉煮至软硬适中后捞出沥干水分。

在面上浇上做好的酱汁并用手撕罗勒叶做装饰。立即趁热享用。

金枪鱼螺旋管通心粉

CELLENTANI WITH TUNA

难度系数： 1级

分量： 4人份
准备时间： 10分钟
烹饪时间： 15分钟

400克螺旋管通心粉
3条凤尾鱼
100克罐装金枪鱼
60毫升特级初榨橄榄油
1瓣大蒜
500克番茄
1汤匙切碎的牛至叶
盐
胡椒粉

料理方法：

在平底煎锅中放油开中火，加入蒜瓣翻炒，油热后取出蒜瓣。将凤尾鱼片切成小块入锅。番茄剥皮，去子切块。约2分钟后放入锅中。烹炒约8分钟。

将金枪鱼切碎放入锅中，加入牛至叶碎和胡椒粉。按个人喜好加入盐，再煮2分钟。淡盐水烧开烹煮螺旋管通心粉，煮至软硬适中后捞起沥干水分。

将酱汁浇在通心粉上即可享用。

小胡瓜乳清干酪顶针意面

DITALI WITH ZUCCHINI AND RICOTTA

难度系数： 1级

分量： 4人份
准备时间： 25分钟
烹饪时间： 12分钟

400克顶针意面
350克小胡瓜（西葫芦）
100克乳清干酪
50克洋葱
50克帕尔玛干酪碎
60毫升特级初榨橄榄油
盐
胡椒粉

料理方法：

洋葱切丁。小胡瓜（西葫芦）洗净切片。平底锅开中火，放少量油，轻轻翻炒洋葱直至软熟。加入小胡瓜，按个人喜好加入盐和胡椒调味，盖上锅盖。

约15分钟后，打开锅盖，将小胡瓜（西葫芦）炒至颜色稍微变深。继续烹煮直至收汁。

锅中烧开大量淡盐水，放入顶针意面煮至软硬适中后，捞起沥干放入碗中，浇上做好的小胡瓜和乳清干酪，用叉子轻轻碾碎配料并搅拌均匀。撒上帕尔玛干酪碎，趁热享用。

所属意大利地区： 坎帕尼亚

鱼子大蒜辣酱螺旋意面

ELICHE WITH FISH ROE, GARLIC, AND CHILI

难度系数：1级

分量：4人份
准备时间：5分钟
烹饪时间：10分钟

400克螺旋意面
60毫升特级初榨橄榄油
80克鱼子
1瓣大蒜
1个干辣椒
盐

料理方法：

蒜瓣切碎成蓉，辣椒研磨成末。平底煎锅放油开小火，放入蒜蓉和辣椒末，慢煎数分钟。

锅中烧开淡盐水，放入螺旋意面，烹煮至软硬适中后捞出沥干水分。浇上前面备好的酱汁。再用鱼子装饰，即可享用。

美食历史

在意大利，腌鱼子或熏鱼子（干的、装满了子的软巢囊，通常是鲻鱼或金枪鱼的）被当成是穷人的鱼子酱。主要生产地区是托斯卡纳、撒丁岛和西西里岛。通常出售的是粉末状的鱼子，也有出售整个完整鱼子的。

意大利熏火腿橄榄蝴蝶意面

FARFALLE WITH PROSCIUTTO AND OLIVES

难度系数： 1级

分量： 4人份
准备时间： 10分钟
烹饪时间： 15分钟

400克蝴蝶意面
10克黄油
100克厚切意大利熏火腿片
10个去核黑橄榄
50毫升白葡萄酒
150毫升奶油
250毫升番茄酱
1茶匙新鲜牛至叶末
盐
胡椒粉

料理方法：

将意大利熏火腿片切丁，并将黑橄榄切成大块。在大的平底煎锅放入黄油开小火慢煎火腿肉丁和黑橄榄块2分钟左右。开大火，加入白葡萄酒，没过食材，烹煮至完全收汁。再加入奶油和番茄酱烹煮约10分钟。按个人喜好加入盐和胡椒粉调味。

锅中烧开淡盐水，放入蝴蝶意面，煮至软硬适中时捞出沥干水分。配上预备好的酱汁，再撒上新鲜牛至叶，即可享用。

酸豆金枪鱼薄荷蝴蝶意面

FARFALLE WITH CAPERS, TUNA, AND MINT

难度系数： 1级

分量： 4人份
准备时间： 5分钟
烹饪时间： 10分钟

400克蝴蝶意面
100克盐腌酸豆
1小束薄荷
200克罐头金枪鱼
30毫升特级初榨橄榄油
盐
胡椒粉

料理方法：

用流动的水冲洗盐腌酸豆，并与薄荷一起切碎，放入沥干水分的金枪鱼中混合。把这些混合好的食材都放进碗中，再加入特级初榨橄榄油。撒上胡椒粉调味。

锅中烧开淡盐水，加入蝴蝶意面，煮至软硬适中后捞出沥干水分。

将预备好的酱汁浇在蝴蝶意面上，立即趁热享用。

所属意大利地区： 西西里岛

金枪鱼圆边角蝴蝶意面

FIOCCHI RIGATI WITH TUNA

难度系数：1级

分量：4人份
准备时间：10分钟
烹饪时间：15分钟

400克圆边角蝴蝶意面
50毫升特级初榨橄榄油
250克新鲜金枪鱼
300克番茄酱
2汤匙欧芹碎
盐
胡椒粉

料理方法：

在平底煎锅中放入油开大火，将新鲜金枪鱼煎至金黄色。沥干油脂，按照个人喜好撒上盐调味，再切成丁。另起新锅开小火，加入番茄酱。烧热后，加入煎好的金枪鱼丁和欧芹碎。

烹煮约10分钟，调味。锅中烧开淡盐水，加入圆边角蝴蝶意面，煮至软硬适中后捞出沥干水分。再配上预备好的酱汁，即可享用。

所属意大利地区：西西里岛

美食历史

金枪鱼是地中海地区最有特色的鱼类之一。经过几千年的渔业捕捞，捕获金枪鱼的方法也已经发展了几个世纪。传统的金枪鱼陷网或者大型金枪鱼渔网，现在已经不再使用了，但几乎仍然可以在所有地方看到：餐馆里、旅游景点和博物馆。

然而，在西西里岛，两种捕鱼活动仍然在特拉帕尼附近发生：一个是在波那吉亚，另一个是在法维尼亚纳。

在这里，你可以看到捕鱼盛典（Mattanza），是在春季结束时，从大西洋到地中海地区举行的一种古老的捕杀大型金枪鱼的活动。通过带有舷外发动机的船上所带的大型渔网，能够捕获超过300千克的鱼。当领头的人给渔夫命令时，会唱起传统的西西里岛歌曲。

生酱螺旋纹意面

FUSILLI WITH UNCOOKED SAUCE

难度系数： 1级

分量： 4人份
准备时间： 10分钟
烹饪时间： 10分钟

400克螺旋纹意面
50毫升特级初榨橄榄油
500克番茄
10片罗勒叶
1瓣大蒜
盐
胡椒粉

料理方法：

番茄洗净，去子，切薄片。蒜瓣切成蓉，罗勒叶用手撕碎。在大碗中加入特级初榨橄榄油、罗勒叶碎、蒜蓉、盐和胡椒粉。

淡盐水煮沸，加入螺旋纹意面，煮至软硬适中后捞出沥干水分，并放到有上述酱汁的碗中，搅拌均匀，即可享用。

金枪鱼橄榄酸豆螺旋纹意面

FUSILLI WITH TUNA, OLIVES, AND CAPERS

难度系数： 1级

分量： 4人份
准备时间： 40分钟
烹饪时间： 10分钟

400克螺旋纹意面
150克圣女果
150克黑橄榄
100克脱水金枪鱼
60克马苏里拉奶酪颗粒
20克酸豆
1汤匙罗勒叶末
50毫升特级初榨橄榄油
40毫升柠檬汁
盐
胡椒粉

料理方法：

将螺旋纹意面煮至软硬适中后捞出沥干水分，洒上少量特级初榨橄榄油。待其冷却，覆上保鲜膜，放入冰箱冷藏。

根据大小，将圣女果切成两半或切成4瓣。取一个碗，放入圣女果、特级初榨橄榄油、金枪鱼、马苏里拉奶酪颗粒、酸豆和罗勒叶。放入剩下的特级初榨橄榄油并调味。

将螺旋纹意面取出并配上准备好的酱汁，最后淋上柠檬汁。

静置30分钟后即可享用。

意大利香肠大葱麻花意面

GEMELLI WITH ITALIAN SAUSAGE AND LEEKS

难度系数：1级

分量：4人份
准备时间：15分钟
烹饪时间：10分钟

400克麻花意面
400克猪肉肠
100克韭葱
20毫升特级初榨橄榄油
100毫升白葡萄酒
15克黄油
40克帕尔玛干酪碎
2汤匙欧芹碎
盐
黑胡椒

料理方法：

韭葱切薄片，并用水冲洗，确保将泥土冲净。猪肉肠去肠衣。

平底煎锅开大火热油，加入去肠衣猪肉肠，炒至焦黄。加入韭葱片翻炒3分钟，倒入白葡萄酒没过食材。继续烹煮收汁直至煮剩一半汤汁。按个人喜好调味。

锅中烧开淡盐水，烹煮麻花意面，煮至软硬适中后捞出沥干水分。盛入盘中浇上准备好的酱汁与黄油，搅拌均匀，撒上黑胡椒。在上菜前撒上帕尔玛干酪碎，并用欧芹碎装饰。

美食历史

韭葱和洋葱很相似，但是韭葱的味道更清淡。在中世纪饥荒时期，韭葱是少数几种主要的基本营养食材之一。从远古时期开始，人类就已经开始食用韭葱：虽然我们无法知晓发现韭葱的确切日期，但是根据金字塔里象形文字的记载，毫无疑问，4000多年以前在尼罗河畔韭葱就已经被种植了。甚至那些建造金字塔的工人们都吃过韭葱和洋葱。

在尼罗河谷地，韭葱遍布地中海地区，成为古罗马非常受欢迎的食物。古罗马皇帝尼禄被戏称为“Il Porrofago”（食韭葱怪），就是因为他喜欢吃大量的韭葱来让声音保持清晰。根据古代传说，在与撒克逊人的战役前夕，圣·戴维建议威尔士人在帽子上挂上韭葱来区分自己的士兵和敌军。战争大获全胜后，韭葱成了威尔士的象征之一，人们会在圣戴维节那天戴上带有韭葱的帽子。

韭葱和香肠是意大利家庭餐桌上典型的配料之一，常常作为意大利菜丰盛且美味的头盘。

西兰花圆形意面

SEMOLINA GNOCCHI WITH BROCCOLI

难度系数：1级

分量：4人份
准备时间：20分钟
烹饪时间：8分钟

400克圆形意面
400克西兰花
30毫升特级初榨橄榄油
2瓣大蒜
50克佩科里诺干酪碎
50克嫩羊乳奶酪碎
50克干羊乳奶酪碎
400毫升番茄酱
盐

料理方法：

将西兰花洗净，并分成小朵。锅中放入水，将意大利面滤器夹在锅上，把西兰花放在里面清蒸。蒸熟后沥干水分并放在一边备用。蒜瓣切末，大平底煎锅开中火热油，加入蒜末和西兰花，调味后再煮2分钟。将意面放入烧开的淡盐水中，煮至软硬适中后捞出沥干水分，盛入盘中。

将准备好的酱汁浇在面上，最后加入3种奶酪。

这个菜谱还有很多其他版本，以下这一种来自恩纳（意大利西西里岛中部小镇）。

将500克西兰花煮熟，沥干水分，切成小块。在平底煎锅中倒入半杯橄榄油并放入用2瓣蒜切成的蒜末，与西兰花轻轻翻炒。准备400毫升番茄酱。将400克的粗粒小麦粉圆形意面放进煮过西兰花的水中烹煮，煮好后捞起沥干水分，淋上番茄酱，加入清炒西兰花、大量佩科里诺干酪碎。

所属意大利地区：西西里岛

芦笋沙拉小贝壳意面

CONCHIGLIE PASTA SALAD WITH ASPARAGUS

难度系数：1级

分量：4人份
准备时间：10分钟
烹饪时间：15分钟

400克小贝壳意面
150克白芦笋
150克圣女果
100克马苏里拉奶酪丁
20毫升意大利香醋
10毫升白葡萄酒醋
2 束新鲜牛至叶
50毫升特级初榨橄榄油
盐
胡椒粉

料理方法：

淡盐水烧开煮小贝壳意面，煮至软硬适中后捞出沥干水分，放入盘子里，淋上少量特级初榨橄榄油，静置冷却。

圣女果洗净，按大小切块或切半。

白芦笋洗净，去除白色老硬部分，切成小块，放入沸水中煮至口感适中后捞起，再迅速过一遍冷水，防止过熟，然后再沥干。

准备调料，取特级初榨橄榄油、意大利香醋和白葡萄酒醋搅拌混合，加入盐、胡椒粉、牛至叶，做成简单的酱汁。取一色拉碗，放入小贝壳意面、白芦笋、马苏里拉奶酪丁以及切好的圣女果。最后淋上酱汁，搅拌均匀，即可享用。

蔬菜鱿鱼沙拉螺旋纹意面

FUSILLI SALAD WITH VEGETABLES AND CALAMARI

难度系数： 1级

分量： 4人份
准备时间： 15分钟
烹饪时间： 10分钟

400克螺旋纹意面
2根胡萝卜
2个小胡瓜（西葫芦）
2个洋蓟
3 只鱿鱼（枪乌贼）
60毫升特级初榨橄榄油
1个柠檬榨汁
50克唐莴苣
盐

料理方法：

胡萝卜洗净去皮。小胡瓜（西葫芦）洗净晾干。将洋蓟的粗糙外皮去除，竖切两半，去心，再切成细条状。将半个柠檬榨汁放入一碗水中，将切好的洋蓟放入加了水的碗中以免颜色变黑。将胡萝卜和小胡瓜切成薄条状。

将鱿鱼洗净，并把液囊的外皮去除，将触须切开。去除内脏和软骨。将触须上的喙和眼睛去除。将鱿鱼肉切成薄条状。

淡盐水烧开煮意面，最后5分钟时加入蔬菜，搅拌并继续烹煮1分钟，然后加入鱿鱼再煮2分钟。意面煮至软硬适中后捞出沥干水分。

将意面取出放在盘子里，待其冷却后加入一点特级初榨橄榄油，用剩下的特级初榨橄榄油和柠檬汁调味，再撒上一些唐莴苣。

美食历史

洋蓟是典型的地中海地区植物，在很久以前已经是古埃及人熟知的食物。然而，古希腊人之间流传着一个非常有趣的起源故事。传说中，众神之父宙斯爱上了一位极其美丽的女人辛娜拉，因其有着一头淡金色的长发。宙斯引诱了她并把她带到奥林匹斯山。然而，年轻的辛娜拉很快开始想念自己的母亲，她并没有告诉宙斯，决定独自一人回到凡间去找她母亲。当宙斯发现辛娜拉逃走后，他怒气冲冲地下到凡间，并把她变成一棵带刺的植物，作为对她的惩罚。这种植物的名字就是辛娜拉，或者Carciofo（洋蓟的意大利语）。

每一年的洋蓟节，在加利福尼亚的卡斯特罗维尔都会选出“洋蓟皇后”。世界上第一位“洋蓟皇后”是玛丽莲·梦露，她在1949年加冕。这种新鲜清新的意大利面是在炎炎夏日享受意大利经典美味的理想选择。

那不勒斯通心粉沙拉

NEAPOLITAN PENNE SALAD

难度系数：1级

分量：4人份
准备时间：6分钟
烹饪时间：9分钟

400克通心粉
250克圣女果
150克水牛马苏里拉奶酪
2片腌制凤尾鱼
30毫升特级初榨橄榄油
4片罗勒叶
盐
胡椒粉

料理方法：

水牛马苏里拉奶酪切薄片，将凤尾鱼、圣女果和罗勒叶切碎。将所有配料放入沙拉碗中，加入特级初榨橄榄油、盐和胡椒粉调味。

淡盐水烧开煮通心粉，煮至软硬适中后捞出沥干水分，并放入沙拉碗中和其他配料混合。搅拌均匀，即可享用。

所属意大利地区：坎帕尼亚

坏天气意面

BAD-WEATHER PASTA

难度系数： 1级

分量： 4人份
准备时间： 40分钟
烹饪时间： 12分钟

400克小号顶针意面
250克西兰花
30毫升特级初榨橄榄油
1汤匙欧芹碎
1瓣大蒜碾碎
12条脱盐凤尾鱼
20毫升干白葡萄酒
4汤匙面包屑
12颗黑橄榄切碎
盐

料理方法：

西兰花洗净，放入淡盐水中烹煮。

凤尾鱼去骨、洗净。

在平底煎锅中开小火热油。加入蒜末微煎约1分钟直至刚开始变色。加入欧芹碎和处理好的凤尾鱼，用木勺将其碾碎。加入干白葡萄酒没过食材，炖至收汁。

放入西兰花，注意火候以免煮得太久。

另取小平底锅开小火焙炒面包屑，加入黑橄榄碎。

淡盐水烧开加意面，煮至软硬适中后沥干水分，浇上预备好的酱汁搅拌均匀。

撒上烤面包屑和碎橄榄即可享用。

所属意大利地区： 西西里岛

锡纸意式长扁面

LINGUINE IN FOIL

难度系数：2级

分量：4人份
准备时间：20分钟
烹饪时间：15分钟

400克意式长扁面
200克鱿鱼片
100克基围虾
100克处理好的贻贝
200克番茄酱
1汤匙欧芹碎
50毫升特级初榨橄榄油
1瓣大蒜
盐

料理方法：

平底煎锅开中火热油，加入蒜瓣微微翻炒。加入鱿鱼片、基围虾、贻贝、欧芹碎和番茄酱，炖煮10分钟，制成海鲜酱汁。

淡盐水烧开，加入意式长扁面，煮至软硬适中后沥干水分，浇上海鲜酱汁并倒入锡箔纸中，烤箱预热至200℃，放入包好的锡箔纸焗烤5分钟。立即享用。

所属意大利地区：阿普利亚

龙虾意式长扁面

LINGUINE WITH LOBSTER

难度系数： 1级

分量： 4人份
准备时间： 20分钟
烹饪时间： 10分钟

400克意式长扁面
200克龙虾肉切块
30克黄油
150克鲜奶油
1汤匙浓缩番茄酱
100毫升白兰地
半个小洋葱
盐
胡椒粉

料理方法：

小洋葱切碎。在大平底煎锅中烧热黄油，放入洋葱丁炒至颜色开始变深。加入龙虾肉块搅拌均匀，炒出香味，倒入白兰地没过食材，煮至收汁。加入盐、胡椒粉、浓缩番茄酱和鲜奶油，炖煮几分钟。

淡盐水烧开煮意式长扁面，煮至软硬适中后捞出沥干水分，放入预备好的酱汁中拌匀。装入盘中即可食用。

所属意大利地区： 坎帕尼亚

肉丸细管意面

MACCHERONCINI WITH MEATBALLS

难度系数： 2级

分量： 4人份
准备时间： 40分钟
烹饪时间： 25分钟

400克细管意面
250克牛里脊
50克意大利熏火腿
半个洋葱
50毫升特级初榨橄榄油
30克黄油
200毫升白葡萄酒
350克番茄浆或番茄酱
50克帕尔玛干酪碎

肉丸配料：
30克牛骨髓
50克面包屑
30毫升牛奶
1瓣大蒜
1汤匙欧芹碎
50克面粉
2个蛋黄
1片柠檬皮
盐
胡椒粉

料理方法：

将洋葱和意大利熏火腿切碎。平底煎锅开中火热油，加入洋葱和火腿。待开始变色后即放入牛里脊慢炒至焦黄。倒入白葡萄酒没过食材，煮至收汁。加入番茄浆或番茄酱和300毫升水没过食材，盖上锅盖慢火烹煮2小时。

煮好后，从锅中取出并放凉。用细眼滤网过滤酱汁并倒入平底锅中。将面包屑浸入牛奶中，捞起并倒掉多余的水分。取一个食物加工器，加入上一步煮好的食材、牛骨髓、大蒜、欧芹碎以及浸湿牛奶的面包屑。搅拌均匀后放入另一个碗中。

柠檬皮碾碎加入其中，再加入少许盐和胡椒粉。打入2个蛋黄，将所有食材搅拌均匀，用手捏成小肉球的形状。少量淡盐水烧开，将肉球裹上面粉后放入其中。煮好后把锅放在炉子旁保持水温，以使肉丸保温。

在大的平底锅中加入淡盐水烧开，放入细管意面煮至软硬适后捞出沥干水分，放入预热好的盘子中。点上黄油，撒上帕尔玛干酪碎。浇上一半的酱汁，将肉丸放在上面，与剩下的酱汁一起食用。

细管意面派

MACCHERONCINI PIE

难度系数： 2级

分量： 4人份
准备时间： 1小时
烹饪时间： 40分钟

250克细管意面
20克黄油，用于擦拭蛋糕盘

酥皮配料：
250克面粉
125克糖
125克猪油
3个蛋黄

酱汁配料：
80克帕尔玛干酪碎
100毫升肉汁（肉酱）
100克马苏里拉奶酪
200毫升白汁
200克猪肉糜
100克鸡肝
100毫升红葡萄酒
30毫升特级初榨橄榄油
200克番茄浆或番茄酱
1个洋葱
盐

料理方法：

用面粉、糖、猪油和蛋黄制作酥皮派皮，静置约30分钟。

水烧开后，放入细管意面，烹煮至软硬适中后捞出沥干水分，浇上肉汁和帕尔玛干酪碎，静待冷却。

鸡肝磨碎。小煎锅开中火热一点油，加入洋葱炒至软熟。然后加入猪肉糜和碎鸡肝，炒至焦黄。倒入红葡萄酒没过食材，煮至收汁。加入番茄浆或番茄酱，调味，再煮30分钟。取1个蛋糕盘，抹上黄油。

将派皮擀开，厚度在5毫米即可。以蛋糕盘底部形状为尺寸切出圆圈面片，另切一个足够宽且足够长的能轻松围住盘子内边的长方条面片。用手指轻轻按压派底和派边的连接处，将其密封。倒入一半的细管意面，稍微将中间部分挖空。将马苏里拉奶酪切丁。

将预备好的肉酱倒入中空部分，并加入马苏里拉奶酪丁。再填上剩余的细管意面，在其上再盖上一个圆形派皮，密封。将烤箱预热至180℃，放入烤箱烤约40分钟，直至派呈金黄色。取出静置5~6分钟，再将其放置在盘子里。

乳清干酪通心粉派

MACARONI AND RICOTTA PIE

难度系数：2级

分量：4人份
准备时间：40分钟
烹饪时间：40分钟

400克通心粉
300克肉（牛肉或猪肉）
1个小洋葱
1根芹菜
1根小胡萝卜
60毫升特级初榨橄榄油
200毫升红葡萄酒
200克罐装番茄
200克乳清干酪
100克卡秋塔奶酪
50克帕尔玛干酪碎
盐

料理方法：

将牛肉或猪肉绑好，放入锅中。将洋葱、芹菜、胡萝卜全部切碎，与特级初榨橄榄油混合，一同放入锅中加热。慢慢把肉煎熟，炒软蔬菜。完成时，肉呈现一种很好看的棕色，撒上一点盐调味。加入红葡萄酒，一次加一点，煨一下，直到收汁。加入罐装番茄，并加入足够的水淹没食材，小火慢炖。

当肉煮熟时，酱汁也大大减少。用勺子将酱汁表面的浮沫撇除。将肉碾碎，酱汁留起备用。

将乳清干酪放在碗里，加入几勺温水搅拌，直至它具有类似奶油的稠度。加入碎肉。卡秋塔奶酪切丁后加入碗中。

淡盐水烧开后煮通心粉，煮至软硬适中后捞出沥干水分，浇上准备好的酱汁，并撒上帕尔玛干酪碎。

取一只烤盘，将通心粉和肉酱交替层叠摆放。将剩余的酱汁倒在最上面那层，制成馅饼，并放入预热好的烤箱中烤约10分钟。取出后放入餐盘。

焗通心粉

MACARONI BAKE

难度系数： 2级

分量： 4人份
准备时间： 5分钟
烹饪时间： 30分钟

400克通心粉
150克黄油
150克帕尔玛干酪碎
60克面粉
750毫升牛奶
30克面包屑
肉豆蔻

料理方法：

在砂锅中熔化50克黄油，并加入面粉，一次一点。使用搅拌器边搅拌边倒入牛奶。开小火慢煮，使其慢慢煮沸。撒上一点盐和肉豆蔻调味，做成酱汁。淡盐水烧开煮通心粉，煮至软硬适中后捞出沥干水分，放入一个大碟中。加入50克黄油、准备好的白汁（保留少量）和几匙帕尔玛干酪碎。将所有材料搅拌均匀，充分混合。

取一只烤盘，涂抹上20克黄油，然后将混合好的通心粉放在盘中，再浇上余下的白汁。撒上面包屑与等份的帕尔玛干酪碎。点上剩余的黄油，烤箱预热至180℃，将其放入烤箱烤约20分钟。从烤箱中取出静置，直到开始变为金棕色，即可食用。

那不勒斯波浪面

NEAPOLITAN MAFALDINE

难度系数： 1级

分量： 4人份
准备时间： 10分钟
烹饪时间： 15分钟

400克波浪面
50克猪油
400克去皮番茄
60克磨碎的佩科里诺干酪
盐
胡椒粉

料理方法：

取平底锅开中火，加入猪油，待猪油融化后加入去皮番茄，烹煮15分钟后，按个人喜好加入盐和胡椒粉调味。

大锅烧开淡盐水加入波浪面烹煮。沥干波浪面后加入准备好的酱汁，撒上佩科里诺干酪碎，即可享用。

所属意大利地区： 坎帕尼亚

金枪鱼鱼子螺纹贝壳意面

MALLOREDDUS WITH TUNA AND FISH ROE

难度系数：2级

分量：4人份
准备时间：25分钟
烹饪时间：5分钟

400克螺纹贝壳意面
200克新鲜金枪鱼
120克洋葱
50毫升特级初榨橄榄油
15克酸豆
100克新鲜番茄
30克野生茴香
100毫升白葡萄酒
20克鲻鱼鱼子
100毫升鱼高汤（可选）
盐

料理方法：

将洋葱切成薄条，金枪鱼切丁。用大平底煎锅中火热油，加入洋葱和金枪鱼。烹炒数分钟，直至颜色变深，然后加入酸豆。倒入白葡萄酒，没过食材，煮至收汁，按照个人喜好调味。如果需要，可以在金枪鱼中加入一些鱼高汤。番茄切大块，茴香对切，加入锅中搅拌均匀。

如果酱汁过干，可以加入一点鱼高汤。淡盐水烧开煮螺纹贝壳意面，煮至软硬适中后捞出沥干水分，浇上准备好的酱汁。在最上面放上野生茴香，撒上鱼子。

主厨的秘诀

螺纹贝壳意面在烹煮的过程中必须要完全做熟，烹煮时不断搅拌，因为这种面很容易黏在一起。在菜肴完成之前，通常会撒上腌鱼子，不要加热，以免损失其香味。

螺纹贝壳意面是小型意面疙瘩，是撒丁岛的特有意面，通常用硬质小麦简单混合水后制成的。作为头盘，这种面可以根据形状搭配各种各样的酱汁。在撒丁岛，它们叫作“Aidos Cicones”或者“Maccarones Cravaos”。

所属意大利地区：撒丁岛

西西里沙丁鱼梅扎尼直管空心意面

MEZZANI WITH SARDINES ALLA SICILIANA

难度系数： 1级

分量： 4人份
准备时间： 15分钟
烹饪时间： 30分钟

400克梅扎尼直管空心意面
200克沙丁鱼
50毫升特级初榨橄榄油
2片野生茴香叶
3瓣大蒜
1个洋葱切碎
80克脱盐凤尾鱼块
30克无核葡萄
30克松仁
1茶匙欧芹
少许藏红花
盐
胡椒粉

料理方法：

在藏红花中加几滴水，将其融开。在大的平底煎锅中加热部分特级初榨橄榄油，加入2瓣蒜、几匙冷水和少许藏红花。加入盐和胡椒粉调味，烹煮约4分钟。沙丁鱼去骨洗净，加入锅中，继续烹煮数分钟。取出大蒜，沙丁鱼盛出备用。

接下来准备酱汁，在锅中少入剩余特级初榨橄榄油，放入切碎的洋葱，轻煎1粒瓣蒜，直到开始变色。野生茴香烫过后切碎。在研钵中将凤尾鱼块和欧芹捣碎。在锅中加入茴香、葡萄、松仁和凤尾鱼浆。加入一汤匙烹煮凤尾鱼时留下的汤汁。将全部材料混合，中火再加热一会儿。

取一口平底锅，加入烹煮凤尾鱼的水煮沸，加少许盐，烹煮梅扎尼直管空心意面，煮至软硬适中后捞出沥干水分。取一只烤盘，将意面、酱汁和沙丁鱼交替铺好，最后浇上一层酱汁。放入烤箱中，烤约20分钟，即可享用。

所属意大利地区： 西西里岛

海鲜酱套袖意面

MEZZE MANICHE WITH SEAFOOD SAUCE

难度系数：2级

分量：4人份
准备时间：30分钟
烹饪时间：20分钟

400克套袖意面
500克贻贝
100克小鱿鱼
500克蛤蚌
100克墨鱼仔
100克虾尾
30克浓缩番茄酱
50毫升特级初榨橄榄油
1瓣大蒜
辣椒粉
盐

料理方法：

在平底煎锅中用中火热油，加入大蒜、辣椒粉，浓缩番茄酱稍加温水稀释后加入，小火慢炖，食材开始变色后，加入小鱿鱼和墨鱼仔。

开中火继续加热数分钟，然后加入虾尾、贻贝和蛤蚌搅匀。加入少许盐调味。盖上盖继续烹煮，直到贻贝和蛤蚌的壳打开。

在大平底锅中加入淡盐水，烧开煮套袖意面，煮至软硬适中后捞出沥干水分，浇上准备好的酱汁拌匀。

所属意大利地区：阿布鲁佐

ACADEMIA
BARILLA
ACADEMIA
BARILLA
ACADEMIA
BARILLA
ACADEMIA
BARILLA

ACADEMIA BARILLA
ACADEMIA BARILLA
ACADEMIA BARILLA
ACADEMIA BARILLA
ACADEMIA BARILLA
ACADEMIA BARILLA

凤尾鱼斜管面

MEZZE PENNE WITH ANCHOVIES

难度系数：1级

分量：4人份
准备时间：10分钟
烹饪时间：10分钟

400克斜管面
50毫升特级初榨橄榄油
60克脱盐凤尾鱼，在研钵中捣碎
1 瓣大蒜
400克番茄浆
1个干辣椒
1汤匙欧芹碎
盐

料理方法：

取大平底煎锅开中火热油，油热后加入整瓣蒜和干辣椒，慢慢煎至变色。将蒜瓣取出，加入捣成浆状的凤尾鱼，接着加入番茄浆。烹煮大约8分钟后酌量加盐调味。淡盐水烧开后加入斜管面煮至软硬适中后捞出沥干水分，浇上煮好的酱汁，撒上欧芹碎，搅拌均匀即可享用。

橄榄山羊奶酪斜管面

MEZZE PENNE WITH OLIVES AND GOAT'S CHEESE

难度系数： 1级

分量： 4人份
准备时间： 5分钟
烹饪时间： 10分钟

400克斜管面
200克山羊干酪
30毫升特级初榨橄榄油
80克去核黑橄榄
盐

料理方法：

将黑橄榄细细切碎。

将山羊干酪放入大碗中，浇上少许特级初榨橄榄油，将其软化并捣碎成泥。加入切碎的黑橄榄并搅拌均匀使其混合。

淡盐水烧开后煮斜管面，煮至软硬适中后捞出沥干水分。将山羊干酪和黑橄榄做成的酱汁浇在意面上。搅拌均匀后，趁热享用。

香蒜酱蔬菜意面汤

MINESTRONE WITH PESTO

难度系数：2级

分量：4人份
准备时间：1小时
烹饪时间：8分钟

香蒜酱配料
15克罗勒叶
8克松仁
1~2瓣大蒜
100毫升特级初榨橄榄油
30克帕尔玛干酪碎
20克熟佩科里诺干酪碎
盐
胡椒粉

蔬菜通心粉汤配料
70克土豆
70克豌豆
70克南瓜
70克卷心菜
70克蚕豆
70克意大利青瓜（西葫芦）
70克四季豆
70克博罗特豆
70克意大利白豆
1个番茄
15克芹菜
15克胡萝卜
15克洋葱
1瓣大蒜
30毫升特级初榨橄榄油
150克香蒜酱
40克帕尔玛干酪碎
150克顶针意面
2.5升清水
1汤匙欧芹碎
岩盐

料理方法：

制作香蒜酱，需要将蒜瓣和罗勒叶切碎；加入少量盐来保持罗勒叶的绿色。将罗勒叶、蒜瓣和松仁在研钵中捣成浆状。碾碎所有配料后，如有需要可以加入少量特级初榨橄榄油，香蒜酱即完成。

将做好的香蒜酱放入碗中，并放入以下配料：帕尔玛干酪碎、熟佩科里诺干酪碎、余下的油。加入盐和胡椒粉调味，并搅拌均匀。

将所有蔬菜洗净处理好。蒜瓣切成蓉。将除了豆类和种子类以外的其他所有蔬菜切好。

取一大锅水，放入所有蔬菜和蒜蓉，大火快煮几分钟，然后转小火，盖上锅盖慢炖。不时搅拌蔬菜浓汤，以防粘锅。煮到一半的时候放入特级初榨橄榄油、帕尔玛干酪碎以及岩盐。其中，土豆和豆子用勺子大致碾碎，使汤汁变得浓稠。

蔬菜差不多煮烂、蔬菜汁变得浓稠且成糊状时，加入顶针意面继续烹煮。关火后，用木勺浇上香蒜酱和欧芹碎搅拌均匀。静置10分钟后，放入汤盘中享用。

所属意大利地区：利古里亚

西兰花圣女果杏仁猫耳朵意面

ORECCHIETTE WITH BROCCOLI, CHERRY TOMATOES AND ALMONDS

难度系数：1级

分量：4人份
准备时间：20分钟
烹饪时间：15分钟

400克猫耳朵意面
350克西兰花
80克佩科里诺干酪碎
20克盐腌凤尾鱼
1瓣大蒜
30毫升特级初榨橄榄油
200克圣女果
30克切片杏仁
盐
黑胡椒

料理方法：

蒜瓣切碎。凤尾鱼沥干水分后切碎。将西兰花洗净，分成小朵，放入淡盐水中汆烫3分钟。将圣女果切成两半。

取一平底锅开中火，热油后放入切碎的蒜瓣和凤尾鱼，煎至变色。然后加入西兰花和圣女果，慢火炖煮5分钟。撒上盐及黑胡椒调味，制成酱汁备用。

淡盐水烧开后，加入猫耳朵意面，煮至软硬适中后捞起沥干，再浇上准备好的酱汁。盛盘后用佩科里诺干酪碎和切片杏仁装饰，即可享用。

主厨的秘诀：

西兰花需要用淡盐水汆烫，并且不能煮太久，煮到刚好能保持绿色并且不会太软即可。猫耳朵意面在煮的过程中很容易黏在一起，所以建议在烹煮时持续搅拌。这种硬质小麦做成的意大利面是阿普利亚地区的特色，在那里这种意大利面被称为“Strascinati”，并且因为它容易吸收汤汁，所以建议配上比较稀的酱汁。

所属意大利地区：阿普利亚

芜菁叶猫耳朵意面

ORECCHIETTE WITH TURNIP TOPS

难度系数：1级

分量：4人份
准备时间：20分钟
烹饪时间：15分钟

400克猫耳朵意面
1.5千克芜菁叶
30克盐腌凤尾鱼
2 瓣大蒜
60毫升特级初榨橄榄油
盐
辣椒

料理方法：

将芜菁叶洗净，只保留顶部的嫩叶部分，然后在冷水中彻底冲洗。将辣椒切碎。凤尾鱼洗净，去骨，切碎后碾磨成肉酱。平底煎锅开中火热油，加入辣椒和蒜瓣。小火慢煎1分钟左右，煎至颜色开始变深后放入凤尾鱼肉酱，煮成酱汁留用。

取一大锅烧水，水开后加入少量盐，放入猫耳朵意面煮几分钟后加入芜菁叶。待猫耳朵意面煮至软硬适中后捞起沥干水分，并浇上准备好的酱汁。如有需要，可以酌情加入特级初榨橄榄油，即可趁热享用。

所属意大利地区：阿普利亚

洋蓟意大利管面

PACCHERI WITH ARTICHOKES

难度系数： 1级

分量： 4人份
准备时间： 15分钟
烹饪时间： 15分钟

400克意大利管面
400克洋蓟
2瓣大蒜
2茶匙柠檬汁
80克佩科里诺干酪碎
40克特级初榨橄榄油
盐
辣椒

料理方法：

将洋蓟洗净，去除外层的硬皮。切成两半，将中间的绒芯去掉后，切片。取大平底煎锅开中火，倒入一半的特级初榨橄榄油，油热后加入蒜瓣、洋蓟以及柠檬汁。撒上盐和辣椒调味，继续烹煮。

将意大利管面［和粗通心粉（Rigatoni）很像，但是尺寸更长也更大］放入烧开的淡盐水中煮至软硬适中后即捞起沥干水分，浇上准备好的酱汁。最后撒上佩科里诺干酪碎以及剩下的另一半特级初榨橄榄油。

通心粉派

MACARONI PIE

难度系数：2级

分量：4人份
准备时间：1小时
烹饪时间：20分钟

酥皮配料：
450克中筋面粉
200克黄油
100克糖
5个蛋黄
1茶匙磨碎的柠檬皮
盐

肉酱配料：
150克瘦小牛肉肉糜
150克瘦牛肉肉糜
150克鸡胸肉肉糜
150克鸡杂
50毫升干白葡萄酒
10毫升马沙拉白葡萄酒
50克黄油
1根芹菜
1个洋葱
1根胡萝卜
50毫升特级初榨橄榄油
盐
胡椒粉

馅料配料：
50克帕尔玛干酪碎
250克通心粉
600克白汁
松露（可选择）

料理方法：

首先准备制作酥皮。将面粉放在面板上，放入准备好的4个蛋黄和其他配料制成面团，盖上毛巾静置20分钟左右。其次准备肉酱。将蔬菜切碎，取一个大平底煎锅开中火，放入黄油及特级初榨橄榄油，油热后放入蔬菜轻炒3~4分钟，直至食材变色。加入肉翻炒5分钟左右，直至完全焦黄。加入干白葡萄和马沙拉白葡萄酒，煮至完全收汁。最后根据口味喜好加入盐和胡椒粉。

将白汁热好。

将通心粉放入烧开的淡盐水中煮至软硬适中，捞出沥干水分后配上白汁以及肉酱，撒上帕尔玛干酪碎，细细地搅拌均匀。在合适的馅饼模子内侧刷上黄油并撒上少许面粉，然后将酥皮面团擀成2毫米的厚度，放入馅饼模子中，裹在馅饼模子的里侧和底部。然后在铺好面皮的模子中倒入通心粉，根据需要，可以撒上松露作为装饰，摆出漂亮的形状。再盖上另外一部分面皮，并把边封起来。1个蛋黄加水打散后刷在面皮上。然后放入预热至200℃烤箱中，直至呈现漂亮的金黄色即可取出。

所属意大利地区：艾米利亚-罗马涅区

剑鱼圣女果斜管面

PENNE WITH SWORDFISH AND CHERRY TOMATOES

难度系数： 1级

分量： 4人份
准备时间： 15分钟
烹饪时间： 15分钟

400克斜管面
200克剑鱼
200克圣女果
2瓣大蒜
2茶匙欧芹碎
少许辣椒粉
50毫升特级初榨橄榄油
盐

料理方法：

将剑鱼切成大块。圣女果切碎。平底煎锅开中火，加入特级初榨橄榄油和蒜瓣，慢煎至变色。然后加入剑鱼并搅拌，翻炒几分钟，接着加入圣女果、欧芹碎及辣椒粉。翻炒2分钟后加盐调味。

大锅加入淡盐水烧开后放入斜管面煮至软硬适中后捞起沥干水分，倒入准备好的酱汁中搅拌均匀即可。

所属意大利地区： 卡拉布里亚

茄子剑鱼斜管面

PENNE WITH EGGPLANT AND SWORDFISH

难度系数： 1级

分量： 4人份
准备时间： 20分钟
烹饪时间： 20分钟

400克斜管面
150毫升特级初榨橄榄油
200克茄子（紫茄）
200克剑鱼
8 片罗勒叶
150克圣女果
80毫升白葡萄酒
150克盐渍乳清干酪
1瓣大蒜
盐
胡椒粉

料理方法：

将茄子（紫茄）洗净切丁。在大平底煎锅中倒入100毫升特级初榨橄榄油，大火热油，油热后放入茄子翻炸。炸成金黄色后用漏勺捞起沥干，用厨房纸吸干油分，保温。蒜瓣切碎。剑鱼切丁。

另起一个大平底煎锅开中火放入剩下的特级初榨橄榄油，并放入蒜瓣和剑鱼丁，翻炒几分钟。圣女果洗净，切两半，再放入锅中和鱼肉一起翻炒。搅拌均匀后加入白葡萄酒煮至完全收汁。罗勒叶用手撕碎后放入锅中，再加入盐和胡椒粉调味。大平底锅中放入足够的淡盐水烧开，放入意面煮至软硬适中后捞起沥干水分，放入酱汁，放入炸茄子，以及盐渍乳清干酪搅拌均匀，即可享用。

主厨的秘诀：

油温必须升高后再放入茄丁，因为茄丁需要使用高温油进行油炸才能快速形成一层酥脆的表皮，以避免吸入过多的油分。

在这个菜谱里，西西里岛美食中珍贵的鱼类之一与岛上美食中极具代表性的蔬菜结合起来，形成了这道精巧迷人的美味。

所属意大利地区：西西里岛

美食历史

虽然在通常情况下，捕获剑鱼使用的是现代捕鱼工艺，但在墨西拿海峡、西西里岛和意大利其他地区之间的走廊地带，剑鱼仍然是使用鱼叉捕捞的。这种方法已经使用了2000多年，真的是一个奇迹。使用鱼叉的技术几个世纪以来几乎没有改变，而采用鱼叉这种方式的狩猎，与其他方式相比，是充满仪式感和神秘色彩的。

鱼叉需要放置在特殊的摩托艇上使用，这种摩托艇是6米长的三桅小帆船，配备动力强劲的电机，可以达到非常高的速度。这种船的特点是有一根20~40米长的跳板，从船头伸出去有一个巨大的桅杆，有的能达到30米高。他们是完美的狩猎船：剑鱼一旦被发现，就没有逃脱的机会了。

在高高的桅杆上面，有用于引导船只的设备，包括舵手的座位，舵手必须有强大的勇气和特别好的视力。舵手必须花费全天时间寻找剑鱼，一旦发现目标，他必须通知其余船员，并将船指引到鱼群附近。一旦舵手将船带到离鱼群足够近的地方，渔民们就会采取行动。渔民们会在跳板的最后端大力发射鱼叉，对剑鱼发起进攻，捕获剑鱼。

ACADEMIA
BARILLA

诺尔玛纹面斜管面

NORMA'S PENNE RIGATE

难度系数： 2级

分量： 4人份
准备时间： 30分钟
烹饪时间： 15分钟

400克纹面斜管面
250克茄子（紫茄）
80克盐渍乳清干酪碎
200克番茄浆
50克洋葱
面粉
30毫升特级初榨橄榄油
6 片罗勒叶
1 瓣大蒜
盐
胡椒粉

料理方法：

茄子（紫茄）切丁，撒上少量盐。静置20分钟左右，让茄子里的水分析出。蘸上面粉，放入大量特级初榨橄榄油中油炸。将洋葱和蒜瓣切碎，大平底煎锅开中火热油，油热后放入洋葱和蒜瓣轻轻翻炒至开始变色。

加入茄子、番茄浆、盐及胡椒粉，再煮15分钟左右。

淡盐水烧开后放入纹面斜管面，煮至软硬适中后捞起沥干水分，浇上准备好的酱汁。

最后用罗勒叶和盐渍乳清干酪碎作为装饰，趁热享用。

主厨的秘诀：

在烹饪诸如茄子或西葫芦之类的蔬菜前，最好先将其切片，并放在漏勺中撒上盐。

这样能够去除蔬菜中多余的汁水，煮好之后会更香更脆。

所属意大利地区： 西西里岛

美食历史

诺尔玛纹面斜管面来自卡塔尼亚，美味且变化多样，是地中海风味的成功代表，由维琴佐・贝利尼的歌剧《诺尔玛》（*Norma*）得名。据说西西里作家和诗人尼诺・马尔托利奥第一次品尝这道菜时，就把它与贝利尼的杰作《诺尔玛》进行作比。这个名字自此一直流传下来。

伊奥利亚风味酱纹面斜管面

PENNE RIGATE WITH AEOLIAN-STYLE SAUCE

难度系数：1级

分量：4人份
准备时间：10分钟
烹饪时间：15分钟

400克纹面斜管面
100克盐腌酸豆
50克去核绿橄榄
50克去核黑橄榄
6个圣马尔扎诺番茄
1瓣大蒜
3片罗勒叶
30毫升特级初榨橄榄油
少许辣椒粉
1茶匙牛至叶切碎
盐

料理方法：

酸豆用水冲洗干净后切碎，并与切碎的去核橄榄混合。在平底煎锅中倒入一半的特级初榨橄榄油，放入蒜瓣小火慢煎。蒜瓣煎至变色后取出，再放入切好的酸豆和橄榄，小火慢煎2分钟。圣马尔诺番茄去皮去子，切大块，放入煎锅中继续煮10分钟。

快煮好时，在酱汁中放入牛至叶碎、手撕罗勒叶和少许辣椒粉。搅拌均匀并按个人喜好酌情撒上盐调味。淡盐水烧开后放入纹面斜管面，煮至软硬适中后捞起沥干水分。倒入准备好的酱汁及剩余的特级初榨橄榄油中，即可食用。

这款酱汁非常可口，而且料理起来非常简单快捷，它的名字来自帕蒂海湾北部群岛。这个菜谱还有另一种做法，因为没有放番茄，所以是白色的，并完全以酸豆、蒜瓣和沥干的油浸金枪鱼作为底料。

所属意大利地区：西西里岛

洋葱小斜管面

PENNETTE WITH ONIONS

难度系数： 1级

分量： 4人份
准备时间： 5分钟
烹饪时间： 10分钟

400克小斜管面
2 个中型洋葱
40克帕尔玛干酪碎
8茶匙牛奶
20毫升特级初榨橄榄油
盐
胡椒粉

料理方法：

洋葱削皮，洗净并切薄片。取一个中型的平底锅放在火炉上，加入少量盐，将切片的洋葱放进去。盖上盖子，开小火煮至少10分钟。开盖加入牛奶。另起一锅，淡盐水烧开放入小斜管面，煮至软硬适中后捞起沥干水分，待洋葱变软后即刻放在面条上。

混合均匀。撒上帕尔玛干酪碎，并淋上橄榄油。撒上大量胡椒粉，即可享用。

奶酪西兰花粗条通心粉

PERCIATELLI LAZIALI WITH CHEESE AND BROCCOLI

难度系数： 1级

分量： 4人份
准备时间： 10分钟
烹饪时间： 20分钟

500克粗条通心粉
500克西兰花
200克波罗伏洛干酪
30毫升特级初榨橄榄油
10克黄油
盐

料理方法：

波罗伏洛干酪切片，备用。

将西兰花切小朵，洗净。在平底煎锅中开小火热油，加入西兰花翻炒10分钟，不时加入少量清水，以防粘锅，撒上盐调味并保温。同时，淡盐水烧开放入粗条通心粉，煮至软硬适中后捞起沥干水分。

取一只烤盘，擦上黄油，将粗条通心粉盛到盘中，用西兰花和波罗伏洛干酪片做装饰，再放入预热至180℃的烤箱里烤10分钟，直至顶部变成金黄色。从烤箱中取出即可食用。

主厨的秘诀：

有数不清的意大利奶酪烤面习惯于使用羊乳干酪。除了使用西兰花和奶酪之外，有些则会加入香肠或猪肉做的酱汁。除了西兰花之外，茄子也能够作为配菜，甚至豌豆或者切片的煮鸡蛋均可。

火腿韭葱波纹意面

REGINETTE WITH HAM AND LEEKS

难度系数： 1级

分量： 4人份
准备时间： 10分钟
烹饪时间： 10分钟

400克波纹意面
250克（2片）煮好的火腿肉
2根韭葱
500毫升白葡萄酒
100克白汁
50克帕尔玛干酪碎
30毫升特级初榨橄榄油
盐
胡椒粉

料理方法：

韭葱洗净，将绿色部分去除。纵向切开，分成两部分，并将每一部分切成3毫米厚的条状。火腿切成10毫米见方的小丁。大平底煎锅开中火热油，加入韭葱翻炒几分钟直至变成焦黄。加入切好的火腿丁，不停地翻炒，慢火微煎2分钟直至变色。倒入白葡萄酒没过食材，煮至完全收汁。再小火炖煮约5分钟后加入盐和胡椒粉调味。

淡盐水烧开后放入波纹意面，煮至软硬适中后捞起沥干水分，浇上煮好的酱汁以及白汁，撒上帕尔玛干酪碎。立即趁热享用。

四种奶酪粗通心粉

RIGATONI WITH FOUR CHEESES

难度系数： 1级

分量： 4人份
准备时间： 15分钟
烹饪时间： 10分钟

400克粗通心粉
80克古冈左拉干酪
80克埃德姆干酪
80克格吕耶尔奶酪
100克帕尔玛干酪
100克黄油
盐
胡椒粉

料理方法：

将古冈左拉干酪、埃德姆干酪、格吕耶尔奶酪和一半的帕尔玛干酪切成小片，另一半帕尔玛干酪碾碎成末。

然后将黄油放入蒸锅，倒入热水使其融化并保温。

淡盐水烧开后加入粗通心粉，煮至软硬适中后捞出沥干水分，撒上切成小片的奶酪，还有余下的帕尔玛干酪碎，以及一半融化的黄油。

将浇上配料的粗通心粉盛盘，浇上另一半融化的黄油，尽快食用，以免四种奶酪融化太快。

浓醇粗通心粉

RICH RIGATONI

难度系数： 1级

分量： 4人份
准备时间： 20分钟
烹饪时间： 15分钟

400克粗通心粉
60克意大利熏火腿脂肪部分
1个小洋葱
60克鸡肝
60克牛肝菌
40克意大利熏火腿
300克番茄浆（番茄酱）
100毫升红葡萄酒
40克黄油
100克帕尔玛干酪碎
4片罗勒叶
盐
胡椒粉

料理方法：

将洋葱和意大利熏火腿脂肪部分细细切碎，牛肝菌切丁，鸡肝切丁，将意大利熏火腿切成小段长条。大平底煎锅开中火，放入切碎的意大利熏火腿脂肪和洋葱，炒至软熟，在洋葱变色前加入牛肝菌丁和鸡肝丁，烹炒几分钟直至焦黄。加入意大利熏火腿长条，紧接着加入番茄浆或番茄酱。

烹煮10~12分钟。撒上盐和胡椒粉调味。同时，取一小平底锅开中火，倒入红葡萄酒煮至浓稠。将煮好的酒倒入番茄浆或番茄酱汁中。淡盐水烧开后放入粗通心粉煮至软硬适中后捞出沥干水分，浇上煮好的酱汁，撒上黄油和帕尔玛干酪碎，即可食用。

香肠鸡蛋粗通心粉

RIGATONI WITH SAUSAGE AND EGGS

难度系数： 1级

分量： 4人份
准备时间： 10分钟
烹饪时间： 15分钟

400克粗通心粉
100克黄油
10毫升特级初榨橄榄油
4 根猪肉香肠
50毫升肉高汤
2个鸡蛋
60克帕尔玛干酪
盐

料理方法：

平底煎锅开中火放入一半的黄油以及特级初榨橄榄油。猪肉香肠去除肠衣，肠肉放入煎锅中，用木勺将其碾碎。慢火微煎，并不时加入几勺高汤，以免酱汁太干。同时，将鸡蛋打入碗中，加入少量盐和一半的帕尔玛干酪搅拌均匀。淡盐水烧开后放入粗通心粉，煮至软硬适中后捞出沥干水分，浇上猪肉肠肉酱、黄油及剩下的帕尔玛干酪。关火，加入打好的鸡蛋，搅拌至鸡蛋变得半熟状。即可享用。

罗马风味奶酪胡椒粗通心粉

RIGATONI ROMAN STYLE WITH CHEESE AND PEPPER

难度系数：1级

分量：4人份
准备时间：5分钟
烹饪时间：10分钟

400克粗通心粉
30毫升特级初榨橄榄油
100克佩科里诺干酪碎
3茶匙胡椒粉，在研钵中碾碎
盐

料理方法：

淡盐水烧开后放入粗通心粉，煮至软硬适中后，捞出沥干水分。粗通心粉盛盘后淋上特级初榨橄榄油、佩科里诺干酪碎和胡椒粉，以及一勺煮粗通心粉的水。即可享用。

特罗佩亚洋葱车轮圆面

RUOTE WITH TROPEA ONIONS

难度系数： 1级

分量： 4人份
准备时间： 10分钟
烹饪时间： 10分钟

400克车轮圆面
6 个特罗佩亚洋葱
1 个红柿子椒
6 片罗勒叶
200毫升番茄酱
60克帕尔玛干酪碎
50毫升特级初榨橄榄油
盐
胡椒粉

料理方法：

洋葱削皮，切成薄片。平底煎锅开中火热油。油热后加入洋葱烹炒2~3分钟直至洋葱软熟。红柿子椒切半，去子，切成块，加入煎锅中。罗勒叶撕成片，加入锅中再煮几分钟。加入番茄酱，加盐调味，再煮5分钟。淡盐水烧开放入车轮圆面煮至软硬适中后捞出沥干水分，浇上酱汁拌匀，撒上帕尔玛干酪碎和胡椒粉，即可享用。

所属意大利地区： 卡拉布里亚

培根肉酱圆管意面

SCHIAFFONI WITH BACON SAUCE

难度系数： 1级

分量： 4人份
准备时间： 10分钟
烹饪时间： 10分钟

400克圆管意面
150克培根
1瓣大蒜
20毫升特级初榨橄榄油
2茶匙欧芹碎
50克佩科里诺干酪碎
100毫升干白葡萄酒
辣椒粉（可选）
盐
胡椒粉

料理方法：

将2/3的培根捶软。平底煎锅开中火放入培根和蒜瓣。培根变成金黄色后加入干白葡萄酒煮至完全收汁。将剩下1/3的培根切成小块，并放入锅中。淡盐水烧开放入圆管意面，煮至软硬适中后捞出沥干水分，浇上酱汁，撒上欧芹碎、佩科里诺干酪碎、胡椒粉和辣椒粉。拌匀即食。

所属意大利地区： 巴西利卡塔

贝类蘑菇葱管意面

SEDANI WITH SHELLFISH AND MUSHROOMS

难度系数： 1级

分量： 4人份
准备时间： 10分钟
烹饪时间： 12分钟

400克葱管意面
500克贻贝
500克蛤蚌
100克干牛肝菌
2茶匙欧芹碎
80毫升特级初榨橄榄油
盐
胡椒粉

料理方法：

用刀将贻贝刮干净，冲洗后放入平底锅中，浇上几勺特级初榨橄榄油。加热至全部开壳后，将肉取出放入碗中，并浇上一汤匙煮贻贝的汤。将蛤蚌冲洗干净，用相同的方法将其煮至开壳。取出蛤蚌肉，沥干水分，和贻贝放在一起。

干牛肝菌放入温水中泡发。

平底煎锅开中火，倒入少量油，烧热后加入牛肝菌，炒至变色。加入少量煮贻贝和蛤蚌的汤，再煮几分钟。再加入剩余的高汤、贻贝和蛤蚌。关火。

淡盐水烧开放入葱管意面，煮至软硬适中后捞出沥干水分，盛盘后浇上酱汁并撒上欧芹碎。

素食直杆通心粉

VEGETARIAN SEDANINI

难度系数： 1级

分量： 4人份
准备时间： 25分钟
烹饪时间： 20分钟

400克直杆通心粉
500克番茄
1 根胡萝卜
1 根芹菜
1 个洋葱
1 根韭葱
1 瓣大蒜
1 个干辣椒
60毫升特级初榨橄榄油
盐

料理方法：

番茄去皮、去子、切丁。

将其余蔬菜洗净。取一半蔬菜切成细条备用，另一半切成大块。

大平底煎锅置火上，开小火热油，加入切成大块的蔬菜和整瓣蒜，炒至软熟。

蔬菜变软后，加入番茄并放入碾碎的干辣椒调味，开小火再煮10分钟。调味后放入食物加工器中搅碎混合均匀，并保温。淡盐水烧开放入直杆通心粉，煮至软硬适中后捞出沥干水分，浇上蔬菜酱，配上切成细条的蔬菜及剩余的特级初榨橄榄油。趁热享用。

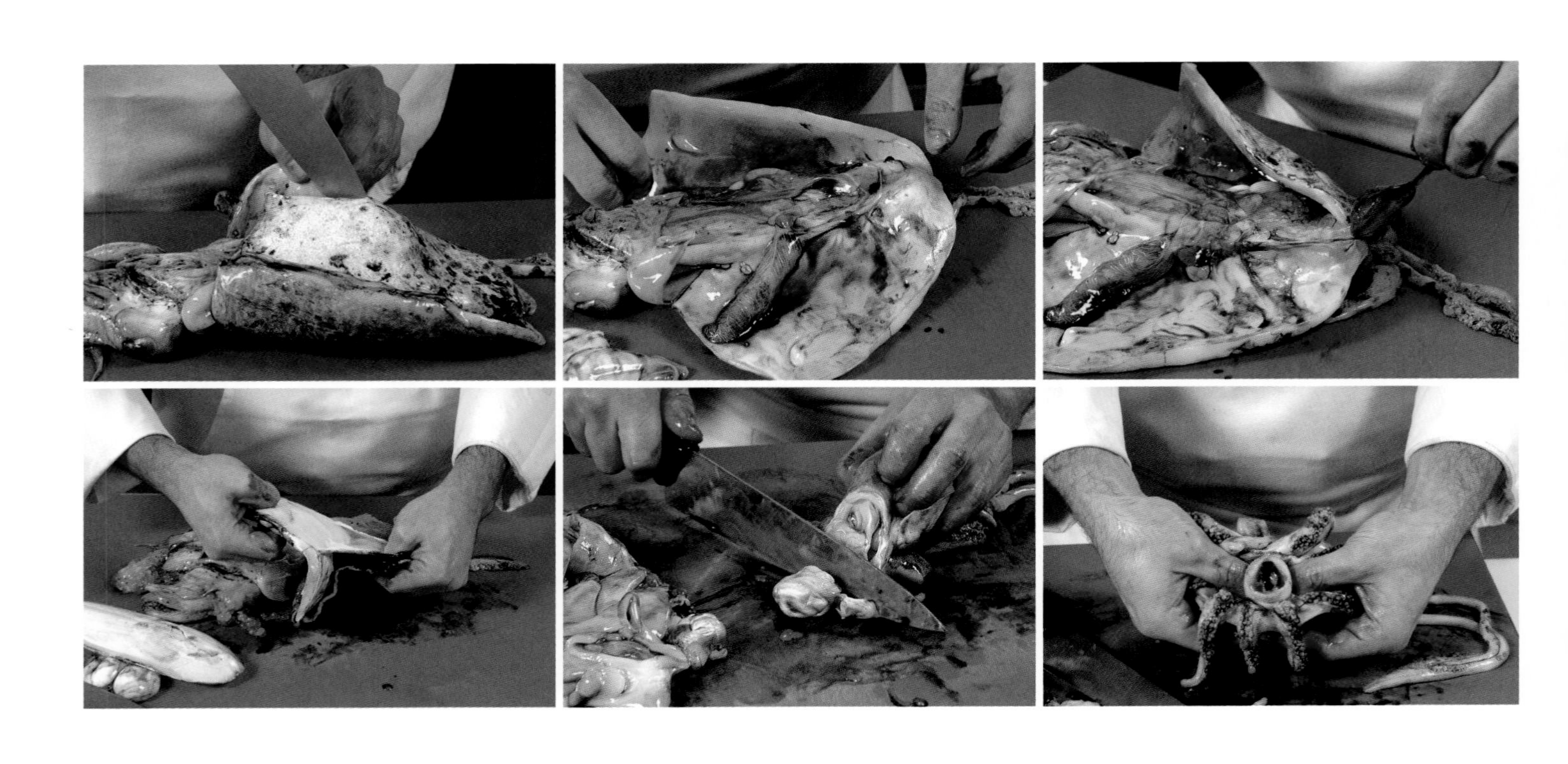

墨鱼汁短弯勾缝意面

SPACCATELLE WITH CUTTLEFISH INK

难度系数：1级

分量：4人份
准备时间：10分钟
烹饪时间：20分钟

400克短弯勾缝意面
400克墨鱼
200克去皮番茄
30毫升特级初榨橄榄油
2瓣大蒜
盐
黑胡椒粉

料理方法：

将墨鱼洗净，除去内脏。小心处理墨囊，注意不要将其弄破，去除墨囊后将墨鱼切丁。大平底煎锅开中火，倒入特级初榨橄榄油，放入蒜瓣煎至微黄，再将蒜瓣整个取出。

加入墨鱼，慢煎几分钟直至焦黄，撒上盐和黑胡椒粉调味。将墨鱼的墨囊打开并取出其中的汁液加入锅中，放入番茄，继续再煮10分钟，调味。

淡盐水烧开放入短弯勾缝意面，煮至软硬适中后捞出沥干水分，浇上准备好的酱汁。

沙丁鱼短弯勾缝意面

SPACCATELLE WITH SARDINES

难度系数：2级

分量：4人份
准备时间：30分钟
烹饪时间：30分钟

400克短弯勾缝意面
1 束野生茴香
1 个洋葱
100毫升特级初榨橄榄油
4 条脱盐凤尾鱼
400克新鲜沙丁鱼
25克葡萄干
25克松仁
20克烤杏仁粉
少许藏红花
60克面包屑
油炸专用油
盐
胡椒粉

料理方法：

在淡盐水中烹煮洗净的野生茴香，水开后煮约15分钟后捞起茴香，将茴香水留用。

茴香挤干水分后切成10~20毫米大小的小段。洋葱切碎。凤尾鱼去骨。沙丁鱼洗净去骨，留出4条将其对切开摊平。小平底煎锅放入面包屑干炒。另起一大平底煎锅开中火放油，油热后加入洋葱炒至变色。凤尾鱼用叉子搅碎后放入锅中。再加入新鲜沙丁鱼、葡萄干、松仁、烤杏仁粉，翻炒10分钟。放入盐和胡椒粉调味。然后放入茴香及少许藏红花，搅拌均匀。关小火再煮10分钟。将留出的4条新鲜沙丁鱼不蘸面粉，分别进行油炸。最后，将短弯勾缝意面放入茴香水中，煮至软硬适中后捞出沥干水分。取一烤盘上油，将短弯勾缝意面盛盘后浇上沙丁鱼和茴香制成的酱汁。在意面上放上4条沙丁鱼，并撒上面包屑。烤箱预热至220℃，烤8~10分钟即可。

蒜油辣椒意大利细面

SPAGHETTI WITH GARLIC, OIL AND CHILI

难度系数： 1级

分量： 4人份
准备时间： 10分钟
烹饪时间： 12分钟

400克意大利细面
100毫升特级初榨橄榄油
3瓣大蒜
辣椒
2茶匙欧芹碎
盐

料理方法：

平底煎锅开中火热油，加入蒜瓣和辣椒。蒜瓣炒至开始变色后，将其取出，再在锅中放入欧芹碎。

淡盐水烧开后放入意大利细面，煮至软硬适中后捞出沥干水分，浇上制好的酱汁。

所属意大利地区： 阿布鲁佐

锡箔纸焗意大利细面

SPAGHETTI BAKED IN FOIL

难度系数： 1级

分量： 4人份
准备时间： 20分钟
烹饪时间： 20分钟

400克意大利细面
50毫升特级初榨橄榄油
2瓣大蒜
4茶匙欧芹碎
8只挪威海鳌虾
500克蛤蚌
4只鱿鱼
50毫升白葡萄酒
200克番茄
1个干辣椒
盐

料理方法：

砂锅开中火，放入一半的特级初榨橄榄油和蛤蚌，盖上盖子煮至蛤蚌开壳。将蛤蚌保温并去壳，将汤汁用纱布滤出留用。将挪威海鳌虾的壳去除。将鱿鱼清理、洗净、切片。将剩下的特级初榨橄榄油放入大平底煎锅中，开中火。加入蒜瓣，开始变色后加入贝类，煎炒2分钟。加入白葡萄酒煮至完全收汁。番茄去皮、去子、切丁。放入锅中，再加入切碎的干辣椒和煮蛤蚌的水。煮约10分钟。淡盐水烧开后煮意大利细面。煮好前几分钟捞出沥干水分。再浇上预备好的酱汁，最后撒上欧芹碎。

取一长80厘米的锡箔纸对折，将意大利细面放入其中。将边缘折3~4次封口。

然后放入预热至180℃的烤箱中烤5分钟。也可以使用耐热纸代替盖在上边的锡箔纸。

所属意大利地区： 阿布鲁佐

奶油培根意大利细面

SPAGHETTI WITH CARBONARA SAUCE

难度系数： 1级

分量： 4人份
准备时间： 10分钟
烹饪时间： 5分钟

400克意大利细面
150克培根或烟肉
4个鸡蛋黄
100克佩科里诺干酪
20毫升特级初榨橄榄油
盐
黑胡椒粉

料理方法：

在碗中放入鸡蛋黄，加入少许盐和佩科里诺干酪，打散备用。将培根切成小条。大平底煎锅中开中火，加少许油，轻煎培根。淡盐水烧开煮意大利细面，煮至软硬适中后捞出沥干水分。将意大利细面放入平底锅中，与培根搅拌均匀，关火。加入打好的鸡蛋黄和少许烹煮水。搅拌约30秒。加入黑胡椒粉和余下的佩科里诺干酪，再次搅拌均匀，立即享用。

所属意大利地区： 拉齐奥

美食历史

奶油培根意面是全世界著名的意大利菜肴之一。和各种有名的食谱一样，这道菜也有很多关于其起源的传说。尽管它是一个相对近代的产物，关于这道菜是如何出现的，有很多说法，而且常常互相矛盾。

主要有两个理论：通常的一个说法是奶油培根意面是在第二次世界大战期间发明的。有人想要使用美国士兵的定量供应食材鸡蛋和培根做一道意大利面菜肴，将两样食材和意面混合后，最后加入黑胡椒粉和奶酪，以增加更多风味。

第二个理论则认为，奶油培根意面是由一道古罗马菜肴“Cacio E Ova”（或者奶酪鸡蛋）演变而来的，这道菜当时是提供给煤矿工人或烧炭党的。

虽然奶酪和鸡蛋搭配意面的组合已经存在了很长时间，但这道食谱成为我们现在所熟知的奶油培根意面是在第二次世界大战期间，美国士兵让酒馆加份风干猪面颊肉（或腌猪肉颌），结果厨师搞错了，加成了培根，美国人常用培根搭配鸡蛋。

根据大家公认的理论，奶油培根意面这一名字来自黑胡椒粉。在传统的食谱中，这道菜要撒很多黑胡椒粉，看起来像是碳粉。

鸡蛋、培根和胡椒为这道菜带来了强烈但可口的味道。奶油培根意面是享誉世界的意大利经典美食。

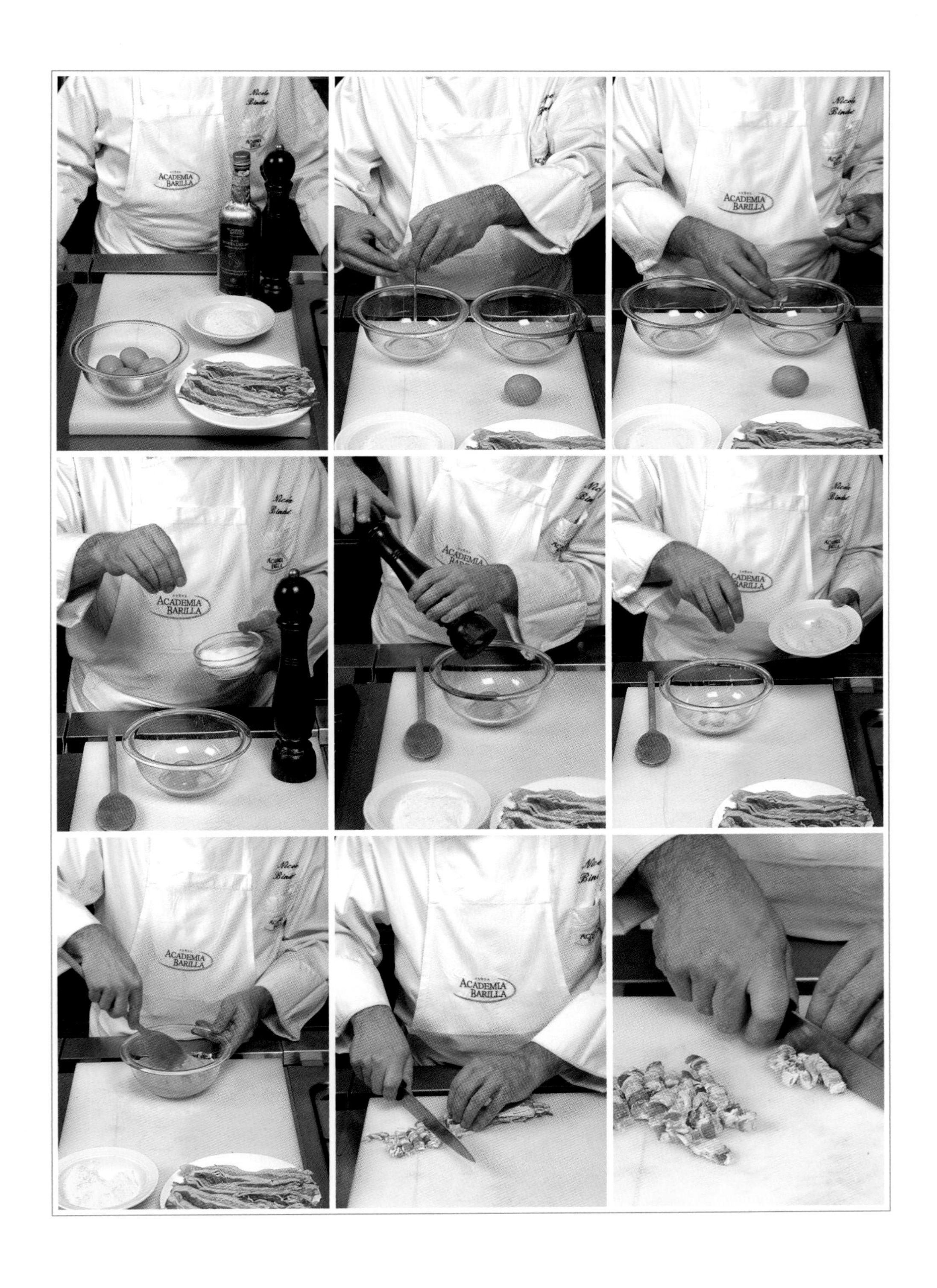
ACADEMIA
BARILLA

ACADEMIA
BARILLA

真纳罗意大利细面

SPAGHETTI GENNARO

难度系数： 1级

分量： 4人份
准备时间： 7分钟
烹饪时间： 8分钟

400克意大利细面
50毫升特级初榨橄榄油
3片陈面包
4条脱盐凤尾鱼（切碎）
6片罗勒叶
3瓣大蒜
2茶匙切碎的牛至叶
盐

料理方法：

将1瓣大蒜切末，将面包片撕成碎块放进盘子。平底煎锅开中火，加入一半油加热，加入另外2瓣大蒜和撕碎的面包。轻轻地翻炒面包碎，小心大蒜不要炒得太焦。另一个平底煎锅开中火将剩余的油加热，并加入切碎的凤尾鱼与牛至叶，烹炒2分钟。

淡盐水烧开后放入意大利细面，煮至软硬适中后捞出沥干水分。浇上准备好的酱汁，撒上面包屑，罗勒叶用手撕碎撒在其上，快速搅拌。趁热享用。

这个食谱来自莉莉亚娜·德·柯蒂斯写的一本献给她父亲的食谱。这是一道简单的家常菜，反映了如同在大屏幕和舞台上描绘的那不勒斯精神。

所属意大利地区： 坎帕尼亚

馋嘴意大利细面

GLUTTON'S SPAGHETTI

难度系数：2级

分量：4人份
准备时间：20分钟
烹饪时间：20分钟

400克意大利细面
200克肉酱
1个洋葱
50克鸡肉
50克意大利熏火腿
2 个番茄
100克茄子
100毫升油炸专用油
100克马苏里拉奶酪
40克黄油
1汤匙白兰地
60克帕尔玛干酪碎
盐
胡椒粉

料理方法：

洋葱切碎。将鸡肉和意大利熏火腿切丁。开中火用平底煎锅将一半的黄油加热，加入洋葱碎炒至开始变色后，加入鸡肉丁和火腿丁。烹煮2分钟，倒入白兰地，煨至完全收汁。番茄切块，加入平底煎锅。

继续烹煮约8分钟。用盐和胡椒粉调味，并与肉酱一起保温（分别用不同器皿分开盛放）。将茄子清洗后切片。平底煎锅开大火热油，放入茄子翻炒，取出后保温。淡盐水烧开后放入意大利细面，煮至软硬适中后捞出沥干水分。取一耐热餐盘盛盘后点上黄油，再撒上一半的帕尔玛干酪碎。将马苏里拉奶酪切片放在面上，再浇上两种热酱汁，搅拌均匀。将余下的酱汁和帕尔玛干酪分别作为蘸酱，与面共食作为佐餐，即可享用。

培根意大利细面

SPAGHETTI WITH BACON

难度系数： 1级

分量： 4人份
准备时间： 10分钟
烹饪时间： 10分钟

400克意大利细面
50毫升橄榄油
300克培根或烟肉
新鲜辣椒
140克佩科里诺干酪碎
盐

料理方法：

取一个大平底煎锅开中火将油烧热。将培根切成小块，放入锅中。加入新鲜辣椒调味，轻煎3分钟。淡盐水烧开后放入意大利细面，煮至软硬适中后捞出沥干水分。在面条上浇上准备好的酱汁，撒上磨碎的佩科里诺干酪，即可享用。

所属意大利地区： 拉齐奥

松露意大利细面

SPAGHETTI WITH TRUFFLE

难度系数： 1级

分量： 4人份
准备时间： 10分钟
烹饪时间： 10分钟

400克意大利细面
100毫升特级初榨橄榄油
80克黑松露
1 瓣大蒜
1 条盐腌凤尾鱼
10片罗勒叶
盐

料理方法：

仔细刷洗黑松露。使用专用工具切片，将其中一半再用刀切碎。

将一半的特级初榨橄榄油倒入平底锅中，开小火，加入黑松露碎和4片手撕罗勒叶。另取一个中号平底煎锅，放入剩余的油，开小火，将带皮大蒜直接放入锅中。将凤尾鱼脱盐、切碎，放入锅中炒碎。取出大蒜。淡盐水烧开后放入意大利细面，煮至软硬适中后捞出沥干水分。将凤尾鱼酱和油浸黑松露碎浇在意大利细面上，撒上余下的罗勒叶和留出的松露切片。立即享用。

所属意大利地区： 翁布里亚

烟花女意大利细面

SPAGHETTI WITH PUTTANESCA SAUCE

难度系数：1级

分量：4人份
准备时间：20分钟
烹饪时间：10分钟

400克意大利细面
30克黄油
30毫升特级初榨橄榄油
4条脱盐凤尾鱼，在研钵中捣碎
4瓣大蒜，切成薄片
150克去核黑橄榄
2茶匙盐渍酸豆，清洗后切大块
1个番茄
2茶匙欧芹碎
盐

料理方法：

取一口大炖锅，开中火，放入特级初榨橄榄油和黄油融化。加入切成薄片的大蒜和捣碎的凤尾鱼。

黑橄榄切碎；冲洗酸豆并用滚刀切碎；将番茄去皮、去子、切片。当大蒜开始变为焦黄时，加入黑橄榄、酸豆和番茄，大火快煮2分钟。加入盐调味。

淡盐水烧开后放入意大利细面，煮至软硬适中后捞出沥干水分。

浇上准备好的酱汁，撒上切碎的欧芹，搅拌均匀后即可享用。

所属意大利地区：拉齐奥

蒜香番茄意大利细面

SPAGHETTI WITH GARLIC AND TOMATO

难度系数： 1级

分量： 4人份
准备时间： 10分钟
烹饪时间： 10分钟

400克意大利细面
600克番茄
40毫升特级初榨橄榄油
1瓣大蒜
盐

料理方法：

平底煎锅开中火将油加热，轻煎大蒜，炒至开始变色后取出。将番茄去皮、去子并切成小块。加入锅中炖10分钟左右，按口味喜好调味。

淡盐水烧开后放入意大利细面，煮至软硬适中后捞出沥干水分。

浇上准备好的酱汁，即可享用。

蒜油凤尾鱼意大利细面

SPAGHETTI WITH GARLIC, OIL, AND ANCHOVIES

难度系数： 1级

分量： 4人份
准备时间： 10分钟
烹饪时间： 10分钟

400克意大利细面
30毫升特级初榨橄榄油
2瓣大蒜
6条新鲜凤尾鱼
2茶匙欧芹碎
盐
胡椒粉

料理方法：

平底煎锅开中火热油，并加入蒜瓣。蒜瓣炒至开始变色后取出。凤尾鱼洗净、去骨，切碎，加入锅中。轻煎2分钟后，煎锅离火，用叉子捣碎凤尾鱼，加入胡椒粉调味并加入切碎的欧芹。淡盐水烧开后放入意大利细面，煮至软硬适中后捞出沥干水分。浇上准备好的酱汁，即可享用。

蛤蚌意大利细面

SPAGHETTI WITH CLAMS

难度系数： 1级

分量： 4人份
准备时间： 20分钟
烹饪时间： 15分钟

400克意大利细面
800克蛤蚌
400克番茄
1瓣大蒜
50毫升特级初榨橄榄油
1茶匙欧芹碎
盐
胡椒粉

料理方法：

仔细清洗蛤蚌。将一半的特级初榨橄榄油倒入一个大平底煎锅中，油热后加入蛤蚌，盖上盖子烹炒约5分钟。待蛤蚌受热打开外壳时关火，保温，将蛤蚌肉取出，并保留烹蛤蚌的汁。另取一个平底煎锅，开中火倒入剩余的油，大蒜切末，加入其中。将番茄去皮、去子、切块。当大蒜变成金黄色时取出，加入切好的番茄。烹蛤蚌的汁用细纱布过滤，加入锅中煮约10分钟，加盐调味。淡盐水烧开后放入意大利细面，煮至软硬适中后捞出沥干水分备用。浇上准备好的酱汁，撒上欧芹碎和大量的胡椒粉。即可享用。

这个食谱还有另外一种做法。蛤蚌搭配意大利细面也可以做无番茄的“白酱版”。在这个版本的食谱中，先煮开蛤蚌，过滤并保留汤汁。在一个平底煎锅里，加入2瓣大蒜和半杯油，慢炒。取出大蒜后，加入蛤蚌和煮蛤蚌的汤汁，煮至沸腾。将酱汁浇在意大利细面上，再撒上切碎的欧芹和胡椒粉调味。

所属意大利地区： 坎帕尼亚

扁豆意大利细面小食

SPAGHETTI PIECES WITH LENTILS

难度系数：2级

分量：4人份
准备时间：30分钟
烹饪时间：30分钟

250克意大利细面
300克扁豆
100克芹菜
2瓣大蒜
100克洋葱
300克去皮番茄
50毫升特级初榨橄榄油
盐
胡椒粉

料理方法：

清理并洗净扁豆，芹菜和洋葱切碎。取一个平底锅，最好使用慢炖锅，开中火。倒入特级初榨橄榄油，油热后，放入芹菜、洋葱和大蒜。烹煮5分钟，然后加入去皮番茄。

烹煮至差不多收汁后，加入扁豆和少许水。继续烹煮扁豆，留下足够的水来煮意大利细面。将意大利细面切成约2厘米的小段，然后煮至全熟。最后浇上剩余的油，并撒上大量胡椒粉，趁热享用。

所属意大利地区：阿普利亚

红鲻鱼贝壳意面

TOFARELLE WITH RED MULLET

难度系数： 1级

分量： 4人份
准备时间： 20分钟
烹饪时间： 20分钟

400克贝壳意面
8 条红鲻鱼
3 条沙丁鱼
1 瓣大蒜
250克番茄酱
1茶匙欧芹碎
75毫升特级初榨橄榄油
1 枝百里香
少许辣椒粉
盐

料理方法：

仔细清洗红鲻鱼，去除鱼胆和鳞片。将沙丁鱼去除头部和骨头，切块。

平底煎锅开中火热油，加入蒜末、沙丁鱼块、番茄酱、撕碎的百里香叶、盐及辣椒，烹煮10分钟。加入红鲻鱼再煮10分钟。取出红鲻鱼。将欧芹碎撒在酱汁中。淡盐水烧开后放入贝壳意面，煮至软硬适中后捞出沥干水分备用。最后浇上准备好的酱汁。

所属意大利地区： 马尔凯

古冈左拉干酪扭转通心粉

TORTIGLIONI WITH GORGONZOLA

难度系数： 1级

分量： 4人份
准备时间： 10分钟
烹饪时间： 12分钟

400克扭转通心粉
280克古冈左拉干酪
40克奶油
80克帕尔玛干酪碎
盐

料理方法：

将古冈左拉干酪切成小方块，放在陶瓷或不锈钢碗里。开小火加水热锅，并将装有古冈左拉干酪的碗放入锅中。

用隔水加热的方法将奶酪融化，用搅拌器搅拌。加入奶油和帕尔玛干酪碎。淡盐水烧开后放入扭转通心粉，煮至软硬适中后捞出沥干水分备用。最后浇上准备好的酱汁。

西兰花香肠扭转通心粉

TORTIGLIONI WITH BROCCOLI AND SAUSAGE

难度系数：1级

分量：4人份
准备时间：10分钟
烹饪时间：15分钟

400克扭转通心粉
200克西兰花
1 瓣大蒜
少许甜辣椒粉
150克猪肉香肠
1 条盐腌凤尾鱼（可选）
50毫升特级初榨橄榄油
40克帕尔玛干酪碎
盐
胡椒粉

料理方法：

平底煎锅开中火热油，加入大蒜轻轻翻炒直至其变成金黄色。凤尾鱼去骨洗净，再放入锅中。几秒钟后，将猪肉香肠掰碎成做肉酱时所需大小，加入锅中，继续翻炒直到肉色变深。撒上盐、胡椒粉和甜辣椒粉调味。

清洗并切开西兰花，只保留顶部。淡盐水烧开后放入扭转通心粉和西兰花，待扭转通心粉煮至软硬适中后捞出沥干水分，取出西兰花放在扭转通心粉上，放入准备好的猪肉香肠，混合。撒上帕尔玛干酪碎，即可享用。

所属意大利地区：皮埃蒙特

香蒜酱意式扁面

TRENETTE WITH PESTO

难度系数：1级

分量：4人份
准备时间：10分钟
烹饪时间：10分钟

400克意式扁面
30克罗勒叶
15克松仁
1瓣大蒜
200毫升特级初榨橄榄油
60克帕尔玛干酪碎
40克佩科里诺干酪
盐
胡椒粉

料理方法：

准备香蒜酱，需要切碎蒜瓣和罗勒叶，加一点盐，以保持罗勒叶的绿色。大蒜和罗勒叶切碎后，放入研钵中，加入松仁。将食材捣碎，需要时加入少量特级初榨橄榄油，最终做成香蒜酱。然后将做好的酱转移至另一个碗中与其他配料混合。

淡盐水烧开后放入意式扁面，煮至软硬适中后捞出沥干水分，将香蒜酱浇在意式扁面上，如果酱汁太浓，可以加一些煮面的汤稀释。

辣椒番茄酱特洛克里意面

TROCCOLI WITH CHILIES AND TOMATO SAUCE

难度系数： 2级

分量： 4人份
准备时间： 20分钟
烹饪时间： 13分钟

400克特洛克里意面
300克新鲜番茄
2个辣椒
2瓣大蒜
140克培根
8片罗勒叶
50克磨碎的佩科里诺干酪
30毫升特级初榨橄榄油
盐

料理方法：

辣椒洗净切块。放入沸水中煮2分钟。将番茄切块后倒入水中煮40秒钟至半熟。再放进冷水中降温，去皮，切成4份，然后去子。培根切成方块。将辣椒和番茄放入蔬菜碾磨器中搅成泥。平底煎锅开中火热油，加入大蒜和培根，微火慢煎。加入番茄辣椒泥，加入罗勒叶调味。淡盐水烧开后放入特洛克里意面，煮至软硬适中后捞出沥干水分备用。浇上准备好的酱汁，最后撒上磨碎的佩科里诺干酪，即可享用。

所属意大利地区： 卡拉布里亚

核桃特飞面

TROFIE WITH WALNUTS

难度系数：1级

分量：4人份
准备时间：5分钟
烹饪时间：10分钟

400克特飞面
150克奶油
60克核桃仁
40克黄油
肉豆蔻
盐
胡椒粉

料理方法：

将核桃仁与肉豆蔻、奶油和黄油一起研磨成泥，撒上盐和胡椒粉调味。淡盐水烧开后放入特飞面，煮至软硬适中后捞出沥干水分备用。浇上准备好的酱汁。如果看起来太干，可以加入几勺煮面的汤水。

这种特飞面适合撒上一点点用黄油调味的面包屑，搭配享用。

红香蒜酱意式长面

VERMICELLI WITH RED PESTO

难度系数： 1级

分量： 4人份
准备时间： 10分钟
烹饪时间： 10分钟

400克意式长面
150克晒干的油浸番茄
45克松仁
1瓣大蒜
30毫升特级初榨橄榄油
40克帕尔玛干酪碎
盐
胡椒粉

料理方法：

将番茄取出沥干油分，取一铝锅开中火放入番茄、蒜瓣以及松仁，不停翻炒。当松仁开始颜色变深时，关火并将所有配料倒进搅拌机中。加入磨碎的帕尔玛干酪碎，搅拌直至形成黏稠的奶油状。

加入大量的胡椒粉，并慢慢倒入油，最终做好的酱汁应该相当浓稠，但又具有一定的流动性。淡盐水烧开后放入意式长面，煮至软硬适中后捞出沥干水分。浇上准备好的酱汁，即可享用。

贝沙利瑞风味意式长面

BERSAGLIERE-STYLE VERMICELLI

难度系数： 1级

分量： 4人份
准备时间： 15分钟
烹饪时间： 15分钟

400克意式长面
200克莎乐美肠
100克波罗伏洛干酪
400克番茄
1个洋葱
20毫升白葡萄酒
30毫升特级初榨橄榄油
40克帕尔玛干酪碎
盐

料理方法：

将洋葱切碎。将莎乐美肠切成薄条。平底煎锅倒油开中火。加入洋葱，炸至金黄。加入莎乐美肠，使其微微热透。加入白葡萄酒，继续烹饪，直至收汁。番茄去皮，去子，切成小块，加入锅中，开中火加热10分钟。把波罗伏洛干酪切成薄条，加入炒番茄的锅中，大力搅拌，混合均匀形成酱汁。

淡盐水烧开后放入意式长面，煮至软硬适中后捞出沥干水分备用。浇上准备好的酱汁并撒上帕尔玛干酪碎，即可享用。

所属意大利地区： 坎帕尼亚

土豆焗粗管意面

BAKED ZITI WITH POTATO

难度系数：2级

分量：4人份
准备时间：40分钟
烹饪时间：20分钟

250克粗管意面
250克土豆
250克新鲜番茄
150克猪肉香肠或莎乐美肠
80克马背奶酪
半个洋葱
1 个绿色柿子椒
2片撕碎的罗勒叶
30毫升特级初榨橄榄油
盐

料理方法：

番茄洗净，去皮，去子，再切成块。洋葱切成薄片。将绿色柿子椒洗净，去子，切成块状。土豆削皮，并切成3毫米厚的切片。

平底煎锅开中火热油，加入洋葱和番茄，烹炒约5分钟。将撕碎的罗勒叶与绿色柿子椒一起放入锅中，继续烹炒约8分钟，按个人喜好加盐调味。将香肠和马背奶酪切片。淡盐水烧开后放入粗管意面，煮至软硬适中后捞出沥干水分，再浇上一半酱汁。

在一个大烤盘里铺一层土豆切片，浇上一点酱并撒上一些香肠片和奶酪片。继续铺上一层粗管意面，然后加入更多的酱汁，接着撒上更多的香肠片和奶酪片。

所有配料都放好后，将其放入预热至200℃的烤箱中，烤至表皮变成金棕色即可。

所属意大利地区：卡拉布里亚

鸡蛋意大利面

在意大利传统菜肴中使用意大利面的传统可以追溯到很久之前。气候条件的不同进化出了不同种类的小麦，最终促成了各种产品和味道的显著差异。事实上，在南方，硬质小麦的播种带来了干粗粒小麦粉意大利面的制作，而在波河流域和更北部的地区，小麦的种植促进了用鸡蛋制成的意大利面的生产，而这种意面需要趁新鲜食用。

科学家告诉我们，在烹饪过程中，硬质小麦粗粒小麦粉的蛋白质与水结合在一起，形成了一种网状结构，可以将淀粉锁住，以免产生糯性。

而另一方面，用小麦粉制成的意大利面，可能会出现“煮过”的问题，因为它形成了一个糯米网状结构，空隙过大，淀粉（占面团的70%左右）可以从中溢出。这使得面食变得黏稠，但也意味着它保留了浓郁的面粉味。因为这个原因，通常情况下会向面团中加入鸡蛋。鸡蛋中的蛋白质可以起到对淀粉结构的固定作用。添加鸡蛋后味道会明显不同，通过调味，味道也会得到完美平衡，但是它们的添加也意味着保质期更短，需要消费者尽快食用。

鸡蛋意大利面有各种尺寸。如今它超过其他意大利面食类型，代表了意大利地区的悠久传统。在20世纪，衡量意大利农村家庭主妇的能力往往取决于她们制作意大利面的技能。小女孩收到的第一个成年玩具经常由擀面板、擀面杖和意大利面切割刀组成。

传统工具中，除了上述之外，还包括切面的简单刀具，用来制作干面条、宽面条、细宽面、面片（代表不同的切割厚度），以及锯齿切割轮。这些工具被用来制作各种各样的意大利面形状，扁平状的面片可以做成波纹意面、宽面、千层面，方形的面片可以切出做成蝴蝶意面。刨制意大利面的形状最一致，如面汤中常常使用的那些意大利面。

有了千层面和加乃隆，以前节日和假日使用的食谱已经被大家接受，如焗意面。根据所处区域的不同，当地人可以用上千种不同的方式搭配以满足自己的口味：用肉类、蔬菜、奶酪和香肠，或与白汁混合，以制作出这些丰富和颇受好评的菜肴。

鸡蛋意大利面现在也是以工业规模生产的，使用硬质小麦粗粒小麦粉制作，然后干燥，从而得到较长的保质期和广泛的美食用途。

ACADEMIA
BARILLA

鸡蛋意大利面准备工作

准备时间：35分钟
材料：每100克面粉用1个鸡蛋

将面粉放在面板上，堆成井口形状。将鸡蛋打进井口处，再用手指或叉子将两种材料拌在一起逐渐团成面团。将面团团好，用手掌边缘按压面团揉面，揉到其表面光滑为止。用干毛巾布或保鲜膜覆盖面团，静置20分钟再进行后续处理。

之所以要让意大利面静置一段时间，是为了让它“休息”一下，不然擀面的时候面质会太“紧张和疲劳”。

鸭酱粗意式扁平细面

BIGOLI WITH DUCK SAUCE

难度系数： 1级

分量： 4人份
准备时间： 20分钟
烹饪时间： 40分钟

意面配料：
300克面粉
2个鸡蛋
60毫升水

酱汁配料：
200克鸭肝和鸭杂
200克鸭肉
30克黄油
20毫升特级初榨橄榄油
200毫升蔬菜高汤
4个熟番茄
1个中等大小的洋葱
100毫升红葡萄酒
3枝百里香
2枝马郁兰
1片月桂叶
50克帕尔玛干酪碎
1茶匙欧芹碎
盐
胡椒粉

料理方法：

将面粉放在面板上，并在中间堆成井口形状。把鸡蛋打进井口处，加水。将所有的成分混合，充分揉捏，直到形成一个光滑的面团。用湿布覆盖面团，静置约20分钟。将面团放入压面机或搅碎机，出口直径设置为3毫米。

细细切碎洋葱。将鸭杂、鸭肝和鸭肉切成小丁。

平底煎锅中倒入黄油和特级初榨橄榄油，开中火加热，加洋葱碎。慢慢翻炒几分钟，直到变成金黄色，但不要太焦。加入切丁的鸭杂、鸭肝和鸭肉，烹炒5分钟左右，直到食材变为褐色。倒入红葡萄酒，煮至收汁。番茄去皮，去子，切大块。加入百里香和马郁兰，再加入月桂叶，最后加入番茄。烹煮30分钟左右，加一点高汤，一次加一点，避免酱汁太干。加入盐和胡椒粉调味。

同时另起一个大锅，烧开淡盐水放入意式扁平细面，煮至软硬适中后沥干水分，放入酱汁锅中，拌匀。

关火后撒上帕尔玛干酪碎，最后用欧芹碎撒在上面作为点缀。盛盘。

主厨的秘诀：

切碎的欧芹碎应在烹饪结束时加入，以免过热使其干萎或失去其鲜艳的绿色和鲜明的味道。

所属意大利地区： 威尼托

美食历史

事实上，来自威尼托的这种传统特色菜肴可以追溯到18世纪。意式扁平细面是一种硬质小麦粉意大利面，最初是用特制的“Bigolaro”做的，这是一种由黄铜制成的压线器，可以生产出正宗的Bigolo形状——一种带有褶皱的宽版意大利细面，非常适合吸收意面酱汁。

沙丁鱼意式扁平细面

BIGOLI WITH SARDINES

难度系数：1级

分量：4人份
准备时间：25分钟
烹饪时间：15分钟

意面配料：
300 克面粉
2 个鸡蛋
600 毫升水

酱汁配料：
2个洋葱
60克盐腌沙丁鱼
30毫升油
盐
胡椒粉

料理方法：

将面粉堆放在面板上，并在中心堆成井口形状。打入鸡蛋，并加水调和面粉，揉面直到面团光滑。盖好面食，静置约20分钟。将面团放入设置好的压面机或搅碎机内，出口直径为3毫米。

将盐腌沙丁鱼彻底洗净，切成小块。洋葱切片。平底煎锅开中火热油，加入洋葱片和沙丁鱼块，慢炒。加4茶匙水。当洋葱开始着色的时候，连续搅拌几分钟，做成“萨尔萨酱”。

淡盐水烧开后放入意式扁平细面，煮至软硬适中后捞出沥干水分备用。浇上准备好的酱汁，再淋上一些油。

这道简单的菜肴没有添加其他调料，是很流行的传统菜肴，因为非常经济实惠且容易准备。这个食谱还有一个做法：用2~3瓣蒜切碎后代替洋葱。这样菜肴会更加美味，香味更浓郁。

所属意大利地区：威尼托

特拉帕尼香蒜酱卷意面

BUSIATI WITH TRAPANI PESTO

难度系数： 1级

分量： 4人份
准备时间： 40分钟
烹饪时间： 5分钟

意面配料：
300克面粉
2个鸡蛋
60毫升橄榄油

酱汁配料：
400克熟番茄，去皮去子
2瓣大蒜
40克去壳杏仁
40克面包屑
60毫升橄榄油
5片罗勒叶
盐
胡椒粉

料理方法：

将面粉放在面板上，并在中间堆成井口形状。把鸡蛋打进井口处，加入橄榄油。将所有的材料混合，充分揉捏，直到形成一个光滑的面团。在特拉帕尼地区，这种意大利面被称为“Busiato”，因为在通过压面机之后，它被快速地卷绕在“Busu”或织针上，形成一种螺旋状。

在沸腾的水中放入去壳杏仁汆烫，然后擦掉表皮。放入烤箱烤好后将杏仁细细切碎。

在一锅沸水中，放入番茄汆烫15~20秒。将其去皮、去子后切碎。然后加入盐、罗勒叶、胡椒粉和大蒜在研钵中捣成浆状。捣好后，加入一点橄榄油和碎杏仁。

煎锅中涂抹橄榄油，轻煎面包屑。

淡盐水烧开后放入意面煮约5分钟，捞出沥干水分，浇上番茄和杏仁香蒜酱。将意面盛放在餐盘里，撒上烤面包屑，即可享用。

所属意大利地区： 西西里岛

意大利熏火腿鸡蛋扁卷面

EGG CHITARRINE WITH PROSCIUTTO

难度系数：2级

分量：4人份
准备时间：10分钟
烹饪时间：5分钟

意面配料：
400克面粉
4 个鸡蛋

酱汁配料：
100克黄油
150克意大利熏火腿
50克帕尔玛干酪碎
盐

料理方法：

将面粉放在面板上，并在中间堆成井口形状。把鸡蛋打进井口处。将所有的材料混合，充分揉捏，直到形成一个光滑的面团。静置约20分钟。

将面团擀成一张相当薄的面片。薄薄地撒上一层面粉，再将意大利面皮折叠几次，切成5毫米的宽条。取一个托盘，撒上少量面粉，将扁卷面盛盘后放在通风的房间中晾干。

将意大利熏火腿切成小条。平底锅开小火，加入黄油。黄油融化后放入火腿条，注意不要让火腿条在黄油中炸焦。

淡盐水烧开后放入扁卷面，煮至软硬适中后捞出沥干水分。将黄油和火腿条放入平底锅里，加入帕尔玛干酪碎。加入意面混合均匀。

肉酱意大利宽面

FETTUCCINE WITH MEAT SAUCE

难度系数：2级

分量：4人份
准备时间：40分钟
烹饪时间：10分钟

意面配料：
400克面粉
4 个鸡蛋
10毫升油
盐

酱汁配料：
150克黄油
100克肉酱
100克佩科里诺干酪碎

料理方法：

将面粉放在面板上，并在中间堆成井口形状。把鸡蛋打进井口处，加入油和少许盐。将所有的成分混合，充分揉捏，直到形成一个光滑且手感柔软的面团。用保鲜膜覆盖面团，静置约30分钟。将面团擀成一张相当薄的面片，再将面皮折叠几次，用刀切成5毫米的宽条。取一托盘，将意大利宽面盛盘，盖上一张轻蘸面粉的干净盖布后，放在通风的房间中晾干。

取一个大锅倒入淡盐水烧开后放入意大利宽面，煮至软硬适中后捞出沥干水分。盛盘后浇上酱汁，让面条充分吸收融化的黄油和肉酱。撒上大量佩科里诺干酪碎。

所属意大利地区：拉齐奥

皮埃蒙特风味意大利宽面

PIEDMONT-STYLE FETTUCCINE

难度系数： 2级

分量： 4人份
准备时间： 30分钟
烹饪时间： 10分钟

意面配料：
400克面粉
4 个鸡蛋
10毫升特级初榨橄榄油
20克帕尔玛干酪碎
水（如有需要）

酱汁配料：
300毫升肉酱
80克黄油
100克帕尔玛干酪碎
60克白松露屑
肉豆蔻粉
盐
白胡椒粉

料理方法：

将面粉放在面板上，并在中间堆成井口形状。把鸡蛋打进井口处。将所有的成分混合，充分揉捏，直到形成一个光滑的面团。静置约20分钟。将面团擀成一张相当薄的面片，轻轻撒上一些面粉，再将面皮折叠几次，切成10毫米宽的长条。取一个托盘，撒上一层薄薄的面粉，将意大利宽面盛盘后放在通风的房间中晾干。

取一个大平底锅开小火，加热肉酱，将其热透。淡盐水烧开后放入意大利宽面，煮至软硬适中后捞起沥干水分，浇上黄油、一半的帕尔玛干酪碎粒、一些白胡椒粉、肉豆蔻粉和白松露屑。

剩余的帕尔玛干酪碎和肉酱可以用来作为佐餐一同享用。

所属意大利地区： 皮埃蒙特

罗马风味意大利宽面

ROMAN-STYLE FETTUCCINE

难度系数： 2级

分量： 4人份
准备时间： 35分钟
烹饪时间： 30分钟

意面配料：
400克面粉
4 个鸡蛋

酱汁配料：
100毫升肉酱
50克猪油
1个洋葱
100克鸡杂
200克鸡肉
50克干蘑菇
50毫升番茄酱
100毫升高汤
30克黄油
50克佩科里诺干酪碎
盐
胡椒粉

料理方法：

将面粉放在面板上，并在中间堆成井口形状。把鸡蛋打进井口处。将所有的成分混合，充分揉捏，直到形成一个光滑且手感柔软的面团。用保鲜膜覆盖面团，静置约30分钟。将面团擀开，用刀切成5毫米的宽条。取一个托盘，撒上薄薄的一层面粉，将意大利宽面盛盘后晾干。

将干蘑菇浸泡在水中泡发。洋葱切碎。将鸡杂和鸡肉切成小块。

将泡发后的干蘑菇沥干水分后切成大块。平底煎锅开中火热猪油，融化后加入洋葱碎翻炒几分钟直至变色。加入蘑菇煎至金黄色。再加入鸡杂和鸡肉煮约5分钟，直至颜色变成完美的金棕色。倒入番茄酱，低温慢炖约20分钟，加一些高汤以免煮干。按个人喜好加入盐和胡椒粉调味。取大锅将淡盐水烧开后放入意大利宽面，煮至软硬适中后捞出沥干水分，浇上肉酱，放在耐热碟中，最后浇上准备好的酱汁和佩科里诺干酪碎。

所属意大利地区： 拉齐奥

蘑菇意大利宽面

FETTUCCINE WITH MUSHROOMS

难度系数： 1级

分量： 4人份
准备时间： 40分钟
烹饪时间： 10分钟

意面配料：
400克面粉
4 个鸡蛋

酱汁配料：
300克口蘑
100克意大利熏火腿
80克黄油
3或4片手撕罗勒叶
40克磨碎的帕尔玛干酪
盐

料理方法：

将面粉放在面板上，并在中间堆成井口形状。把鸡蛋打进井口处。将所有的成分混合，充分揉捏，直到形成一个光滑的面团。用保鲜膜覆盖面团，静置约20分钟。将面团擀成一张相当薄的面片，并撒上一层薄薄的面粉，再将面皮折叠几次，用刀切成5毫米宽的长条。取一个托盘，撒上一层薄薄的面粉，将宽面条盛盘后放在通风的房间中晾干。

清洗口蘑，用刷子或湿布去除全部泥土。将火腿切成小条。

取一个平底锅开中火，加入2/3的黄油。黄油融化，锅里冒出热气时立即加入口蘑。开大火煮3~4分钟，然后加入火腿条、手撕罗勒叶。

搅拌均匀，加盐调味，然后立即将锅从炉子上撤下来。取大锅将淡盐水烧开后放入意大利宽面，煮至软硬适中后捞出沥干水分，浇上准备好的酱汁，加入剩余的黄油以及磨碎的帕尔玛干酪。如果面条有些干的话，浇酱汁时可以加入一点点煮面的汤水。

焗意大利宽面

FETTUCCINE IN TIMBALLO

难度系数：2级

分量：4人份
准备时间：45分钟
烹饪时间：10分钟

意面配料：
400克面粉
4 个鸡蛋

酱汁配料：
200克黄油
24条盐腌凤尾鱼
75克帕尔玛干酪碎
75克格律耶尔干酪
150克马苏里拉奶酪
盐
白胡椒

料理方法：

将面粉放在面板上，并在中间堆成井口形状。把鸡蛋打进井口处。将所有的成分混合，充分揉捏，直到形成一个光滑的面团。将面团静置约20分钟。将面团擀成一张相当薄的面片，并撒上一层薄薄的面粉，再将面皮折叠几次，用刀切成5毫米宽的长条。取一托盘，撒上一层薄薄的面粉，将意大利宽面盛盘后放在通风的房间中晾干。

凤尾鱼洗净，去骨，再切成小块。

将马苏里拉奶酪切成小方块。

将平底锅放入150克的黄油，开小火热油。油热后，加入一半的凤尾鱼块，保持小火，用木勺搅拌直至软化成浆。

取大锅将水烧开，加入意大利宽面，煮至软硬适中后捞出沥干水分，浇上准备好的凤尾鱼酱汁。煮面的水最好不要加盐，因为凤尾鱼本身已经很咸。将格律耶尔干酪研磨成末。将一半帕尔玛干酪碎和一半的格律耶尔干酪碎末撒在意大利宽面上。取一个稍浅耐热碟擦上少许黄油，盛放一多半拌好干酪的意面，接着再放入马苏里拉奶酪块、剩下的凤尾鱼以及少许白胡椒。再将剩下的意大利宽面盖在干酪上，堆成圆顶状，最后撒上余下的帕尔玛干酪碎和格律耶尔干酪碎，点上几点黄油。然后将整盘意大利宽面放进高温烤炉里焗烤10分钟，将表面烤成漂亮的金棕色。趁热享用。

意大利熏火腿豌豆通心管面

GARGANELLI WITH PROSCIUTTO AND PEAS

难度系数：1级

分量：4人份
准备时间：30分钟
烹饪时间：15分钟

320克通心管面
150克意大利熏火腿
250克冷冻或新鲜豌豆
1个洋葱碎
200克黄油
150克帕尔玛干酪碎
盐
白胡椒粉

料理方法：

平底煎锅开小火，加入一半的黄油。加入切碎的洋葱，微微翻炒，不要让洋葱变色。加入豌豆搅拌均匀，并加入盐和白胡椒粉调味。加几勺水，开大火加热豌豆将其煮熟。把意大利熏火腿切成小条，在豌豆完全煮熟之前将切好的火腿条加入其中。

淡盐水烧开后煮通心管面，煮至软硬适中后捞出沥干水分，再浇上准备好的酱汁，加入剩余的黄油和一半的帕尔玛干酪碎。将通心管面和配料充分搅拌均匀。再取一个小碟盛放剩余的帕尔玛干酪碎作为佐餐，与通心管面同时享用。

意大利面豆汤

LANCETTE AND BEAN SOUP

难度系数： 2级

分量： 4人份
准备时间： 15分钟
烹饪时间： 1小时10分钟

250克小蝴蝶形意面/指针形意面
500克新鲜博罗特豆
100克洋葱
200克红皮土豆
150克猪油
2.5升肉高汤
10毫升特级初榨橄榄油
1枝迭迭香
1茶匙欧芹碎
50克帕尔玛干酪碎
4片切片面包
1瓣大蒜
盐
胡椒粉

料理方法：

土豆削皮。切碎猪油、迭迭香和洋葱。在平底煎锅中用中火加热1/3的特级初榨橄榄油，加入洋葱和猪油，加热至洋葱变为棕色。加入博罗特豆和高汤，随后放入土豆，中火慢炖约1小时。豆子煮好后，取出约1/3，把土豆沥干水，将二者过筛成泥状，放回平底煎锅中。

继续煮开高汤，加入意面，煮至软硬适中后捞出沥干水分。最后加入大量帕尔玛干酪碎和余下的特级初榨橄榄油。分别装盘，加入蒜香烤面包片，撒上欧芹碎即可享用。

所属意大利地区： 皮埃蒙特

鹰嘴豆意面

PASTA WITH GARBANZO

难度系数： 2级

分量： 4人份
准备时间： 30分钟（提前12小时浸泡鹰嘴豆）
烹饪时间： 1小时30分钟

意面配料：
200克面粉
2 个鸡蛋

酱汁配料：
300克鹰嘴豆
1瓣大蒜
100克猪油
30毫升特级初榨橄榄油
1枝迷迭香
50克帕尔玛干酪碎
40克番茄酱
盐

料理方法：

提前将鹰嘴豆放入一碗冷水中浸泡12小时。

将面粉放在面板上，并在中间堆成井口形状。把鸡蛋打进井口处。将所有的成分混合，充分揉捏，直到形成一个光滑的面团。静置约20分钟。将面团擀成一张相当薄的面片，撒上少许面粉，再将面皮折叠几次，用刀切成10毫米宽的长条。取一个托盘，撒上一层薄薄的面粉，将宽面条盛盘后放在通风的房间中晾干。

用刀将面条切成约2厘米长的意大利面。切碎猪油、大蒜和迷迭香。平底锅开中火，加入1/3的特级初榨橄榄油，大蒜和猪油，炒至大蒜变成浅褐色。加入番茄酱、鹰嘴豆和2.5升的温水。鹰嘴豆煮熟（约1小时）后，取出一半过筛筛成泥状，再放回锅中。

再次煮沸后，加入意大利面，煮至软硬适中后捞出沥干水分。加入大量帕尔玛干酪碎和剩余的特级初榨橄榄油，即可享用。

所属意大利地区： 翁布里亚

ACADEMIA BARILLA

博罗特豆意式面片汤

MALTAGLIATI SOUP WITH BEANS

难度系数：1级

分量：4人份
准备时间：15分钟（豆子提前12小时浸泡）
烹饪时间：50分钟

意面配料：
300克面粉
3 个鸡蛋

汤汁配料：
300克博罗特豆
100克洋葱
1瓣大蒜
100克猪油
40克番茄酱
40毫升特级初榨橄榄油
1块火腿皮
2.5毫升温水
40克帕尔玛干酪碎
盐
胡椒粉

料理方法：

将博罗特豆放在冷水中浸泡12小时，加入少许小苏打有助其软化。

将面粉放在面板上，并在中间堆成井口形状。把鸡蛋打进井口处。将所有的成分混合，充分揉捏，直到形成一个光滑的面团，静置约20分钟。将面团擀成一张相当薄的面片，撒上少许面粉，再将面皮折叠几次，用刀切成1厘米宽的长条。取一个托盘，撒上一层薄薄的面粉，将意面盛盘后放在通风的房间中晾干。用刀或手将面条切成约2厘米长的意大利面。

切碎猪油和洋葱。将一部分特级初榨橄榄油倒入锅中，开中火热油。加入洋葱和猪油，然后加入番茄酱、博罗特豆、火腿皮和温水。45分钟后，取出一半博罗特豆过筛筛成泥状，再放回锅中。

继续煮至沸腾后，加入面片烹煮5分钟。煮至软硬适中后，将锅离火。最后，加入大量磨碎的帕尔玛干酪和余下的特级初榨橄榄油。

所属意大利地区：艾米利亚-罗马涅

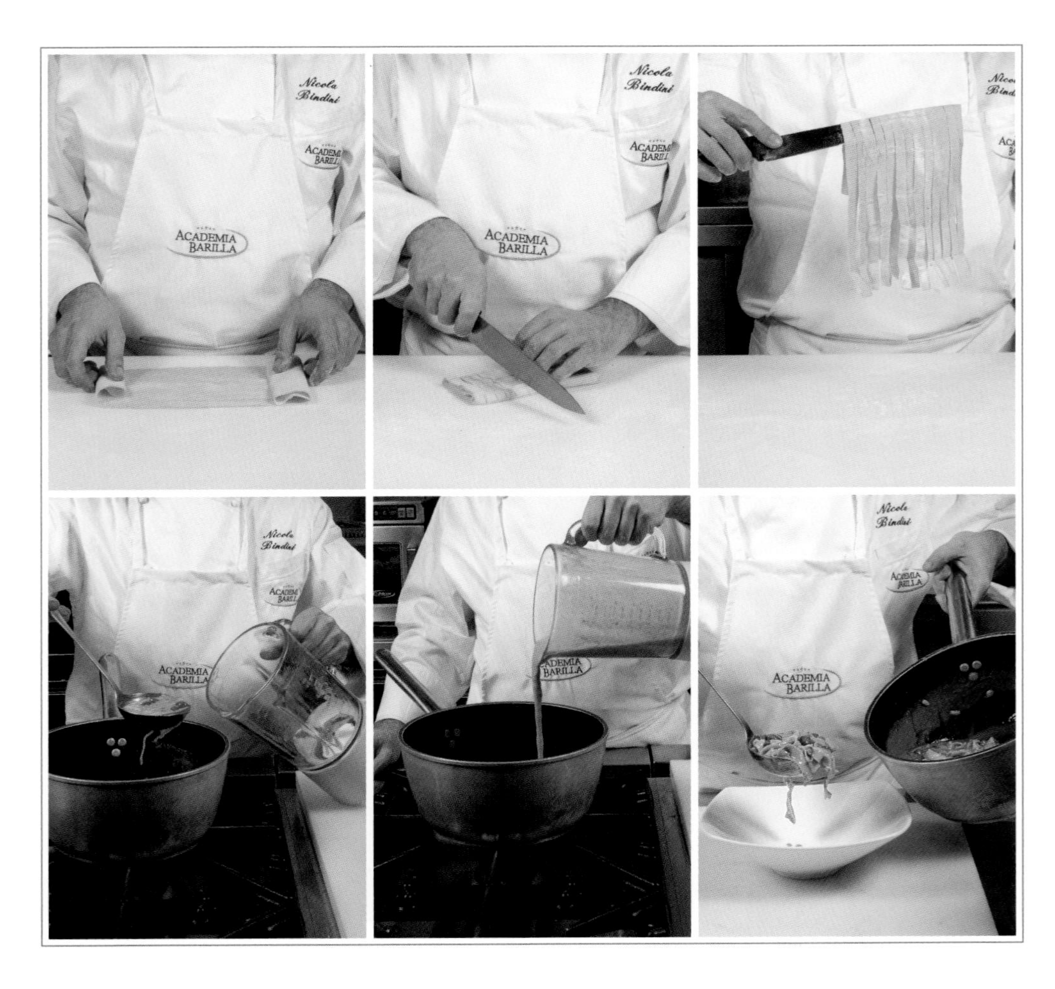
ACADEMIA BARILLA

威尼斯风味博罗特豆蔬菜浓汤

MINESTRA SOUP WITH VENETIAN-STYLE BORLOTTI BEANS

难度系数： 2级

分量： 4人份
准备时间： 40分钟（豆子提前12小时浸泡）
烹饪时间： 1小时30分钟

意面配料：
300克面粉
3 个鸡蛋

酱汁配料：
300克博罗特豆
250克猪肉皮
50克意大利熏火腿脂肪
80克洋葱
火腿骨
肉桂粉
30克特级初榨橄榄油
水
盐
胡椒粉

料理方法：

将博罗特豆放在冷水中浸泡12小时，加入少许小苏打，以帮助其软化。

将面粉放在面板上，并在中间堆成井口形状。把鸡蛋打进井口处。将所有的成分混合，充分揉捏，直到形成一个光滑的面团。用静置约20分钟。将面团擀成一张相当薄的面片，再将面皮折叠几次，用刀切成10毫米宽的长条。取一个托盘，撒上一层薄薄的面粉，将意面盛盘后放在通风的房间中晾干。

火腿骨和猪肉皮用沸水烹煮10分钟。将肉皮刮去鬃毛，再用火焰炙烤表皮（帮助彻底清除皮毛）。将肉皮在冷水中清洗后，切成小块。去除骨头上多余的肉类。切碎意大利熏火腿脂肪和洋葱。

平底煎锅开中火热油。加入洋葱、火腿脂肪碎、猪肉皮、火腿骨，加入博罗特豆，然后撒上肉桂和胡椒粉调味。

加入大量的水，盖上锅盖，开小火炖煮。

当博罗特豆煮熟时，取出火腿骨，并用切肉刀将其切开，取出骨髓，再放回锅里。用漏勺取出一半博罗特豆过筛筛成泥状，再放回锅中。再次煮沸后，加入调味料。

将意大利面切成5厘米的长条，放进汤中烹煮。煮至软硬适中后，即可关火。静置几分钟即可食用。

所属意大利地区： 威尼托

意式细宽面汤

TAGLIOLINI SOUP

难度系数： 1级

分量： 4人份
准备时间： 30分钟
烹饪时间： 3分钟

意面配料：
400克面粉
4 个鸡蛋
30克帕尔玛干酪碎
肉豆蔻
2升肉高汤
盐

料理方法：

将面粉放在面板上，并在中间堆成井口形状。把鸡蛋打进井口处，加入帕尔玛干酪碎和少许肉豆蔻。将所有的成分混合，充分揉捏，直到面团光滑。静置约20分钟。将面团擀成一张相当薄的面片，折叠几次后，用刀切成20毫米宽的长条。取一托盘，撒上一层薄薄的面粉，将意面盛盘后放在通风的房间中晾干。

取平底锅，将高汤煮沸，放入意式细宽面煮两分钟，盛盘即可享用。

藏红花双色意面

PAGLIA E FIENO WITH SAFFRON

难度系数：1级

分量：4人份
准备时间：5分钟
烹饪时间：10分钟

320克双色干意面
1包藏红花
1根葱
10克新鲜奶油
40克黄油
50克帕尔玛干酪碎
盐
胡椒粉

料理方法：

双色干意面（鸡蛋和菠菜两种）一般很容易在超市和专卖店买到。

切碎葱。平底煎锅开中火，加入黄油，融化后加入葱，慢慢翻炒。将藏红花在1小杯温水中泡开。当葱软化时，加入奶油，藏红花带水倒入锅中。几分钟后煮至汤汁变稠，然后加盐和胡椒粉，关火。另起一锅加水烧开后煮双色干意面，煮至软硬适中后捞出沥干水分，然后倒入煮酱汁的锅中，用余温继续将其混合均匀，最后撒上帕尔玛干酪碎，即可享用。

野兔酱意大利宽面

PAPPARDELLE WITH HARE SAUCE

难度系数： 2级

分量： 4人份
准备时间： 30分钟
烹饪时间： 2小时

意面配料：
400克面粉
4 个鸡蛋

酱汁配料：
400克野兔肉
40克胡萝卜
40克洋葱
40克芹菜
100毫升红葡萄酒
100毫升牛奶
50克番茄酱
40克特级初榨橄榄油
50克帕尔玛干酪碎
盐
胡椒粉

料理方法：

将面粉放在面板上，并在中间堆成井口形状。把鸡蛋打进井口处。将所有的成分混合，充分揉捏，直到面团光滑。静置约20分钟。将面团擀成一张相当薄的面片，折叠几次后，用刀切成20毫米宽的长条。取一个托盘，撒上一层薄薄的面粉，将意面盛盘后放在通风的房间中晾干。

将胡萝卜、洋葱和芹菜切碎。

将野兔肉切成块。在炉子上热一口大平底锅，最好是一个慢炖锅，倒入油。翻炒蔬菜，待其软化并开始变色后，即可加入野兔肉、红葡萄酒、牛奶和番茄酱煮至颜色变深。从锅中取出野兔肉，切成小肉丁，然后放回锅中，再煮5分钟。

沸水煮意大利宽面，煮至外软内韧后将面捞起沥干，裹上预备好的酱汁。撒上帕尔玛干酪碎末，即可享用。

所属意大利地区： 托斯卡纳

ACADEMIA BARILLA
ACADEMIA BARILLA

帕沙堤利意面

PASSATELLI

难度系数：1级

分量：4人份
准备时间：30分钟
烹饪时间：5分钟

250克帕尔玛干酪碎
200克面包屑
20克黄油
35克面粉
4个鸡蛋
2升高汤
肉豆蔻
盐
胡椒粉

料理方法：

将鸡蛋、面包屑、150克帕尔玛干酪碎、黄油、面粉、盐、胡椒粉和肉豆蔻一起混合做成面团。盖上保鲜膜，静置20分钟。取一口平底锅，将高汤（最好是用阉鸡制成的鸡汤）煮沸。如果没有特制工具（铁质大开口专用模具），可以用薯泥加工器将面团压出一指长的面条。

直接将压出的面条放入煮沸的高汤中，彻底煮熟后带高汤盛入汤碗中，撒上大量帕尔玛干酪碎，连汤食用。

所属意大利地区：艾米利亚-罗马涅

美食历史

传统意大利美食中受到高度评价的香料之一是肉豆蔻，即肉豆蔻树的种子。这种树是一种常青植物，最初起源于太平洋海的一个珊瑚岛，生长于赤道周边地区。

直到20世纪，肉豆蔻还是世界上稀有和珍贵的香料之一。那时候，肉豆蔻树只生长在香料群岛或是马鲁古群岛活火山的斜坡上。去往岛屿的旅程极为困难和危险，从1500年起，欧洲主要大国就开始争相夺取这种珍贵的香料。旅程非常危险，几乎三艘船中就有两艘没能返航。尽管如此，荷兰人、英国人和葡萄牙人还是开始了一场激烈的竞争，以控制肉豆蔻市场。作为一种香料，和它的美食功效相比，当时更被推崇的是它可能具有的药用价值，它被认为是治疗鼠疫的良药。这三个欧洲大国开始了漫长的斗争。葡萄牙当时从这场斗争中退出了，以便有效地将力量集中在南美殖民地。最后荷兰打败了葡萄牙和英国取得了胜利，这场战争才得以结束。

荷兰和英国达成协议，荷兰人将拥有岚岛肉豆蔻销售的专有权利，作为交换，英国人将得到北美一个被约克公爵非法占用了好几年的小岛。在签署协议时，荷兰人相信他们已经取得了辉煌的成就，但在相当短的时间内，英国人便设法在其他地方种植了肉豆蔻树，荷兰也因此失去了他们的垄断权，而英国人得到的那座小岛就是曼哈顿。

ACADEMIA BARILLA

吉他弦意大利细面

SPAGHETTI ALLA CHITARRA

难度系数： 2级

分量： 4人份
准备时间： 40分钟
烹饪时间： 12分钟

意面配料：
400克硬质小麦面粉
4 个鸡蛋

酱汁配料：
60毫升特级初榨橄榄油
100克小牛肉
50克猪肉
50克羊肉
1个中等大小的洋葱
50毫升红葡萄酒
400克番茄酱
60克佩科里诺干酪碎
1 个磨碎的干辣椒
盐

料理方法：

将面团擀成3毫米厚的薄片，再切成宽度与“吉他切面器”的一样的面片，撒上少许面粉。将面片放在吉他切面器上，用擀面棍将面压下去，而不要碾过去。这样，面片将被钢丝切割并分开。取一个托盘，撒上一层薄薄的面粉，将意面盛盘后晾干。大平底煎锅开中火热油，油热后，加入切碎的洋葱，烹炒至软化。开大火，加入小牛肉和猪肉碎。翻炒直到呈现好看的褐色。加入红葡萄酒并继续烹饪，直到完全收汁，加入番茄酱，烹煮约10分钟。撒上盐调味，加入磨碎的干辣椒。淡盐水烧开后煮意面，煮至软硬适中后捞出沥干水分并裹上酱汁，撒上磨碎的佩科里诺干酪，即可享用。

“Chitarra Abruzzese”（方言“Carrature”）或者叫阿布鲁佐吉他，这个名字不仅仅用在意大利面中，而且也是一个意大利面工具的名称。这个工具具有一个矩形木制框架，撑有许多钢线，放置间距约1毫米。所有的钢线都用力拉紧，然后将面团放在上面压下，做出意大利面，这种工具的简洁和完美就像赋予了意大利面生命一样，可以制作出典型意大利面的横截面。

所属意大利地区： 阿布鲁佐

香草佩科里诺干酪吉他弦意大利细面

SPAGHETTI ALLA CHITARRA WITH HERBS AND PECORINO

难度系数： 1级

分量： 4人份
准备时间： 10分钟
烹饪时间： 5分钟

320克吉他弦意大利细面
50毫升特级初榨橄榄油
1/2茶匙薄荷末
1/2茶匙切碎的马郁兰
1/2茶匙葱
1茶匙切碎的迷迭香
1茶匙欧芹碎
1茶匙切碎的罗勒叶
2瓣大蒜切碎
60克佩科里诺干酪碎
20克佩科里诺干酪刨片
15克黄油
盐
胡椒粉

料理方法：

取一个中等大小的平底煎锅，开中火热油。加入香草和切碎的大蒜，轻轻翻炒2~3分钟使之软化，加入大量的胡椒粉。淡盐水烧开后放入吉他弦意大利细面，煮至软硬适中后即可捞出沥干水分，浇上预备好的酱汁，撒上磨碎的佩科里诺干酪碎以及黄油。充分搅拌均匀，并用胡椒粉和佩科里诺干酪刨片点缀其上，即可享用。

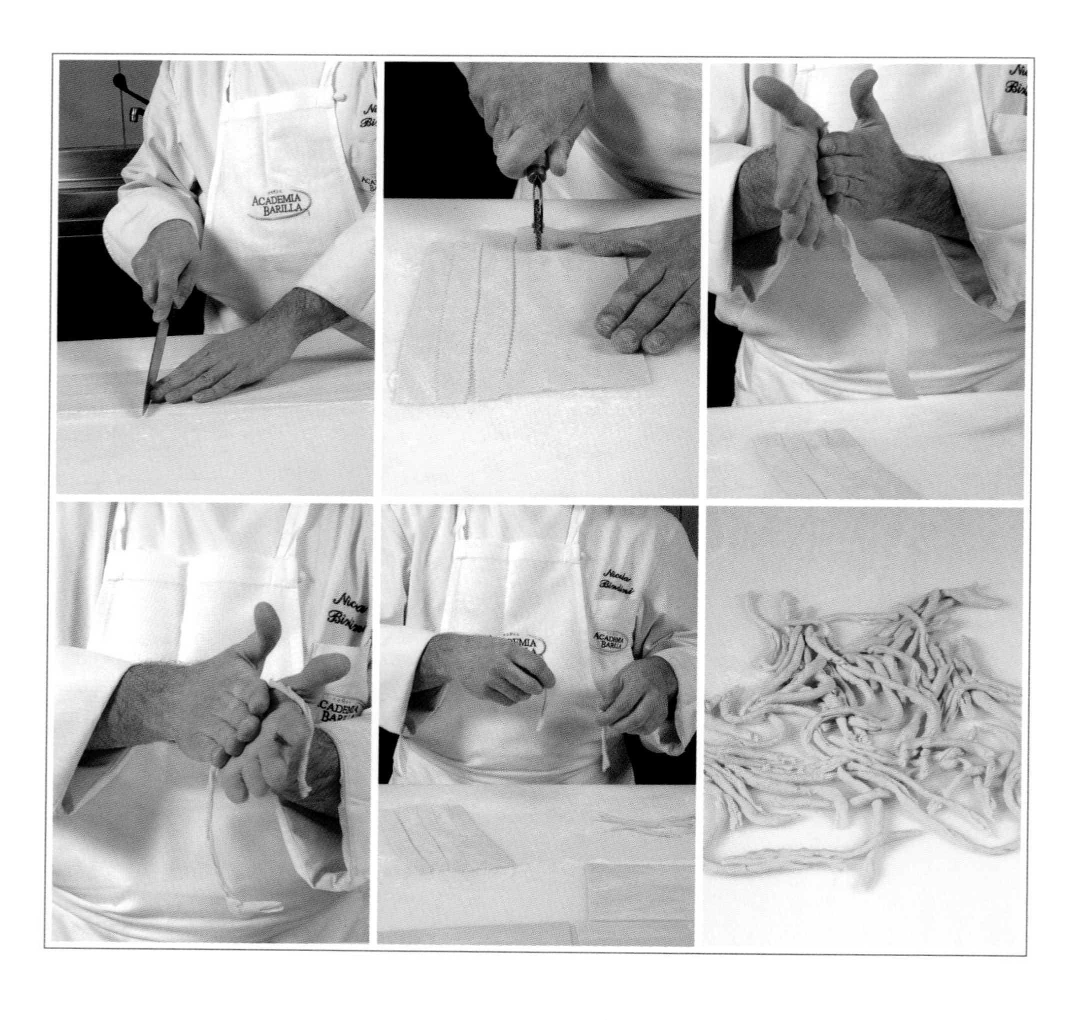
ACADEMIA BARILLA

培根手卷意面

STROZZAPRETI WITH BACON

难度系数：2级

分量：4人份
准备时间：40分钟
烹饪时间：10分钟

意面配料：
400克面粉
1个鸡蛋
150毫升水

酱汁配料：
200克培根
100克唐莴苣
15毫升干红葡萄酒
100克帕尔玛干酪碎
50克黄油
盐

料理方法：

将面粉堆放在面板上，加入鸡蛋和水混合，充分揉捏形成面团。将面团擀成15毫米厚的薄片。切成小棍子或“切条（Bastoncini）”，将它们轻轻地滚动或放在手掌之间搓出小条状，做出长为100~120毫米的“细面（Vermicelli）”或螺纹形状的面条。然后在中间打结，并将它们放在一块撒有少许面粉的盘子上晾干。

培根切丁。唐莴苣清洗，切大块，风干。取一口大的深平底炖锅开中火，加入一半的黄油，融化后，加入培根丁并烹炒5分钟，直至煎至棕色。加入唐莴苣块，烹炒2分钟。加入干红葡萄酒，煮至收汁。按个人喜好加盐调味。意面入沸水烹煮至软硬适中，捞出沥干水分后加上剩余的黄油和帕尔玛干酪碎，将所有配料充分混合，即可享用。

所属意大利地区：艾米利亚-罗马涅

番茄肉酱意式干面

TAGLIATELLE WITH BOLOGNESE SAUCE

难度系数： 2级

分量： 4人份
准备时间： 30分钟
烹饪时间： 10分钟

意面配料：
400克面粉
4 个鸡蛋

酱汁配料：
400克番茄肉酱
60克帕尔玛干酪碎
盐

料理方法：

将面粉堆在面板上，并在中间堆成井口形状。把鸡蛋打进井口面粉处。将所有的成分混合，充分揉捏，直到面团光滑。静置约20分钟。将面团擀成一张极薄的面片，折叠几次后，用刀切成5毫米宽的长条。取一个托盘，撒上一层薄薄的面粉，将意面盛盘后放在通风的房间中晾干。

大平底锅开小火，将番茄肉酱热透。淡盐水烧开后放入意式干面，煮至软硬适中后捞出沥干水分，浇上肉酱。撒上帕尔玛干酪碎，即可享用。

所属意大利地区： 艾米利亚-罗马涅

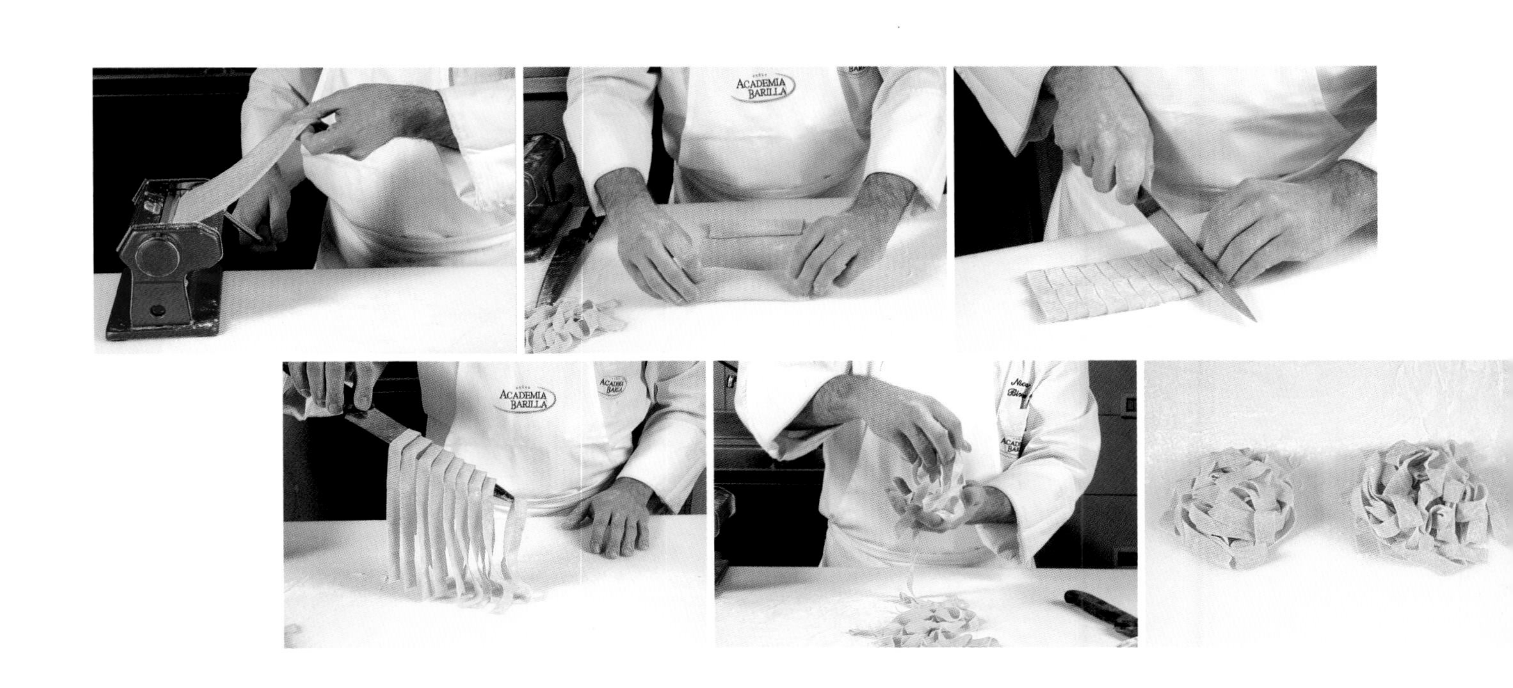

松露意式干面

TAGLIATELLE WITH TRUFFLE

难度系数： 2级

分量： 4人份
准备时间： 30分钟
烹饪时间： 5分钟

意面配料：
400克面粉
4 个鸡蛋

酱汁配料：
40克帕尔玛干酪碎
100克黄油
1瓣大蒜
3片鼠尾草
半块高汤块
50克松露刨花
盐
胡椒粉

料理方法：

将面粉放在面板上，并在中间堆成井口形状。把鸡蛋打进井口处。将所有的成分混合，充分揉捏，直到面团光滑。静置约20分钟。将面团擀成一张较薄的面片，折叠几次后，用刀将其切成5毫米宽的长条。取一个托盘，撒上一层薄薄的面粉，将意面盛盘后放在通风的房间中晾干。

取平底锅开中火，加入黄油和蒜瓣轻轻翻炒，用手撕碎鼠尾草加入其中。加入高汤块和一汤匙水，开小火。加入帕尔玛干酪碎后调味。

淡盐水烧开后加入意式干面，煮至软硬适中后捞出沥干水分，浇上之前准备的酱汁。再撒上松露刨花和胡椒粉即可享用。

所属意大利地区： 皮埃蒙特

琉璃苣意式干面

TAGLIATELLE WITH BORAGE

难度系数：2级

分量：4人份
准备时间：30分钟
烹饪时间：15分钟

意面配料：
300克面粉
100克琉璃苣
3个蛋黄
10克帕尔玛干酪碎

酱汁配料：
100克口蘑
50克黄油
40克帕尔玛干酪碎
盐
胡椒粉

料理方法：

将面粉堆放在面板上，并在中间堆成井口形状。把鸡蛋打进井口处。将所有的成分混合，充分揉捏，直至面团光滑。静置约20分钟。

将一锅水烧开。水沸后，加入琉璃苣。煮熟后沥干水分，挤出多余的水分。切成末。

将切末的琉璃苣与帕尔玛干酪碎混合在面团中。用保鲜膜包起面团，静置约20分钟。将面团擀成较薄的面皮，对折几次后，用刀将其切成约5毫米宽的长条。取一个托盘，撒上一层薄薄的面粉，将意面盛盘后放在通风的房间中晾干。

口蘑切成薄片。取平底锅开中火，加入黄油，黄油融化后，加入口蘑。翻炒5分钟，然后加入盐和胡椒粉调味。

淡盐水烧开后加入意式干面煮至软硬适中后捞出沥干水分，浇上之前准备的口蘑酱。撒上帕尔玛干酪碎，即可享用。

所属意大利地区：利古里亚

ACADEMIA BARILLA

意式干面派

TAGLIATELLE PIE

难度系数： 2级

分量： 4人份
准备时间： 30分钟
烹饪时间： 40分钟

400克鸡蛋意式干面

酥皮配料：
400克面粉
200克黄油
2个鸡蛋
2个蛋黄
50毫升干白葡萄酒

酱汁配料：
150克奶油
60克帕尔玛干酪碎
50克黄油
盐

料理方法：

将面粉堆放在面板上，并在中间堆成井口形状。将两个鸡蛋打进井口处，再加入一个蛋黄。加入150克的黄油，在室温下融化，加入干白葡萄酒。将所有的成分混合，充分揉捏，直到形成一个光滑的面团。将面团盖好，放置在阴凉处，静置约30分钟。

同时，淡盐水烧开煮意式干面，煮至软硬适中后捞出沥干水分。在煎锅中融化25克黄油，并加入沥干的意式干面。

将3汤匙意大利面汤与奶油、余下的黄油和磨碎的帕尔玛干酪混合。开中火将所有原料搅拌混合翻炒几秒钟。

同时，将面团擀成两个3毫米厚的圆盘，使其中一个比另一个稍微更大一点。用剩下的黄油擦拭深馅饼盘，然后将较大的圆形面片放入盘中。将煮熟的意大利干面转移到模具中，并用另一片稍小的圆形面片盖住，密封所有边缘。

加一汤匙水打散剩余的蛋黄，并用它来刷面饼的表层。放入预热至180℃的烤箱烘烤30分钟。取出，静置5分钟，即可享用。

所属意大利地区： 艾米利亚-罗马涅

意大利风味细宽面派

ITALIAN-STYLE TAGLIERINI PIE

难度系数：2级

分量：4人份
准备时间：40分钟
烹饪时间：15分钟

意面配料：
400克面粉
4个鸡蛋

酱汁配料：
250克肉酱
10毫升特级初榨橄榄油
150克鸡肝
60克黄油
100毫升马沙拉白葡萄酒
60克黑松露
100克帕尔玛干酪碎
盐
胡椒粉

料理方法：

将面粉堆放在面板上，并在中间堆成井口形状。将鸡蛋打进井口面粉处。将所有的成分混合，充分揉捏，直到面团光滑。静置约20分钟。将面团擀成一张相当薄的面片，折叠几次后，用刀将其切成5毫米宽的长条。取一个托盘，撒上一层薄薄的面粉，将意面盛盘后放在通风的房间中晾干。取大锅开大火，加入20克黄油和特级初榨橄榄油。油温变高后，加入鸡肝，翻炒5分钟。按个人喜好加入盐和胡椒粉调味。倒入马沙拉白葡萄酒，煮至完全收汁。放入肉酱再煮5分钟。

淡盐水烧开后加入意面烹煮，水再次沸腾后再煮3~4分钟后，捞起沥干水分。浇上准备好的酱汁。耐热碟擦上20克黄油，盛放意面，接着撒上黑松露、剩下的黄油以及大量的帕尔玛干酪碎。然后将整盘意面放进高温烤炉里焗烤，直至其表面烤成漂亮的金棕色。搭配帕尔玛干酪碎，即可享用。

ACADEMIA
BARILLA

ACADEMIA BARILLA

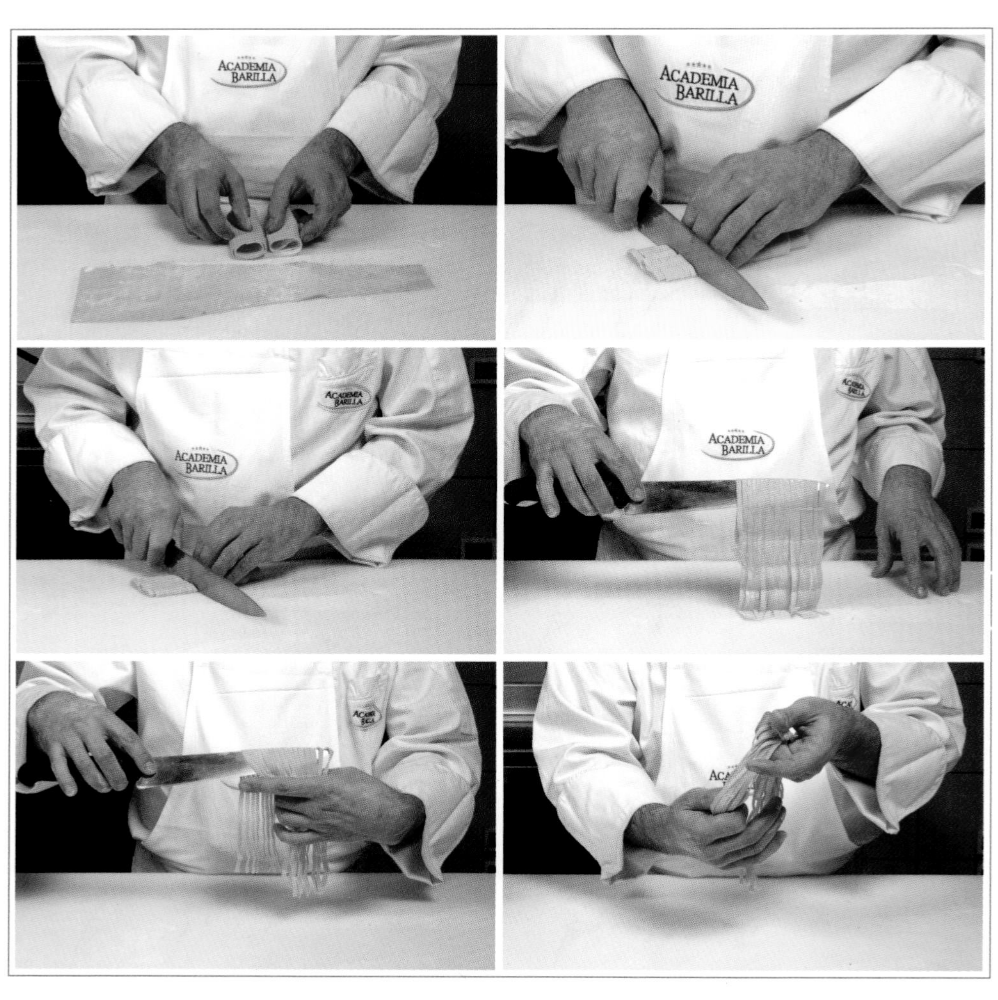
ACADEMIA BARILLA
ACADEMIA BARILLA
ACADEMIA BARILLA
ACADEMIA BARILLA

诺尔恰黑松露意式细宽面

TAGLIOLINI WITH NORCIA BLACK TRUFFLES

难度系数：2级

分量：4人份
准备时间：40分钟
烹饪时间：5分钟

意面配料：
400克面粉
4 个鸡蛋

酱汁配料：
50毫升特级初榨橄榄油
1瓣大蒜
50克刨花的黑松露
盐

料理方法：

将面粉堆放在面板上，并在中间堆成井口形状。将鸡蛋打进井口面粉处。将所有的成分混合，充分揉捏，直到面团光滑。静置约20分钟。将面团擀成一张相当薄的面片，折叠几次后，用刀将其切成3毫米宽的长条。取一个托盘，撒上一层薄薄的面粉，将意面盛盘后放在通风的房间中晾干。

平底煎锅开小火热油，加入大蒜，翻炒并防止变色。

淡盐水烧开后煮意式细宽面，煮至软硬适中后捞出沥干水分放进煎锅中，加入切成刨花的黑松露，将所有配料充分混合，产生浓郁的香味。

所属意大利地区：翁布里亚

鹰嘴豆干辣椒螺丝卷意面

TORCHIETTI WITH GARBANZO AND DRIED PEPPERS

难度系数： 1级

分量： 4人份
准备时间： 30分钟
烹饪时间： 30分钟

意面配料：
320克面粉
4 个鸡蛋
200克鹰嘴豆
2 片月桂叶
5 个橄榄油浸晒干柿子椒
30毫升特级初榨橄榄油
盐
胡椒粉

料理方法：

将面粉堆放在面板上，并在中间堆成井口形状。将鸡蛋打进井口面粉处。将所有的成分混合，充分揉捏，直到面团光滑。静置约20分钟。将面团擀成一张相当薄的面片，折叠几次后，用刀将其切成5毫米宽的长条。取一个托盘，撒上一层薄薄的面粉，将意面盛盘后放在通风的房间中晾干。提前一晚浸泡鹰嘴豆。

将一口陶锅放在火炉上，放入泡好沥干的鹰嘴豆，再加入2.5升水，加入盐和月桂叶。小火慢炖至鹰嘴豆软化（但不要太软和成糊状），如有需要，可以在烹饪过程中加入一些水。取1/4的熟鹰嘴豆放入食物搅拌器中处理，撒上盐和胡椒粉调味。

淡盐水烧开后煮螺丝卷意面，煮至软硬适中后捞出沥干水分并加入鹰嘴豆。小平底煎锅烧热后加油，然后将沥干油分的柿子椒切条后放入其中，炒好后浇在面上，即可享用。

所属意大利地区： 卡拉布里亚

填馅意大利面

使用软质小麦粉制作面食的传统确实很古老。古罗马人在波河流域种满了软质小麦，而在普利亚、西西里岛和利比亚，种植的则是硬质小麦。两地种植的面粉之间的差异形成了北方地区新鲜意大利面的传统，这种意大利面常会被填馅使用，而南部地区则更多的使用干面条。早在4世纪，伊特鲁里亚人就知道如何制作面团。在切尔维特利大墓地的坟墓浮雕中，可以看到与今天使用的非常相似的混合工具，希腊剧作家阿里斯托芬甚至提到了填馅意大利面的原型，他在5世纪说到意大利面时提到了馅料的制作。和很多其他饮食习俗一样，罗马尼亚人通过大希腊地区（意大利南部沿海地区的塔兰托湾周边地区）南部城市学习了意大利面制作。在卡托2世纪所著关于农业的专著中，他建议家庭主妇将面团揉好，用手工揉面，保证面团平整和平滑，然后再放在架子上晾置干燥。《爱情神话》中的富人特立马乔在一场聚会中提供了珍贵的搭配了调味鱼酱的意大利面，这是一种与香料混合的发酵鱼酱。在整个中世纪，也有证据显示填馅意大利面的存在，在《帕尔玛编年纪》中，修士塞利姆本谈到了千层面和意式水饺。文艺复兴时期，填馅意大利面获得了真正“重生”，出现了一系列的变化和发明，其中的一些从宫廷厨房延续至今。

因此，最初因需要而诞生的食物制造工艺被用来养活人口，由于其具有多功能性，很少造成浪费。随着时间的推移，它甚至超越了这一点，填馅意大利面越来越多地与节日联系在一起，最终成为丰富和生活乐趣的象征。

所有新鲜的意大利面均可以制作不同地区的传统菜肴，他们都使用由鸡蛋制成的小麦面粉混合物，揉制并填充不同的馅料：奶酪、肉类、蔬菜，带来美味和多样性。这些食谱囊括了各种不同类型的填馅意大利面的制作方法：意式馄饨、意式饺子、意式肉饺（Ravioli，Tortelli and Tortellini，Agnolotti）等。这些填馅意大利面具有非常强大的区域特征，各地都争相创新本地特有的填馅意大利面：来自皮埃蒙特的意式肉饺发展成艾米利亚罗马涅的小开口包（Anolini）和意式水饺（Cappelletti），摩德纳和博洛尼亚的意式饺子，费拉拉的小馄饨（Cappellaci），弗留利和威尼托的方面盒（Ofelle），热那亚的三角面盒（Pansotti）和托斯卡纳的半圆面盒（Tordelli）等。然而，在所有地区都发现了意式馄饨、意式饺子、意式肉饺，名字和特征类似，它们通常被认为是不同的美食产品。今天，由于手工业生产的发展，填馅意大利面不断创新，技术发展和产品进步二者相结合，创造出了各种新颖的组合。包装的进步（保质期延长）也使得意大利面能够跨越地域和国家限制，销售到更广的地区，被更多的人熟知。

意大利圆饺

ANOLINI

难度系数：2级

分量：4人份
准备时间：1小时5分钟，焖10小时

意面配料：
400克面粉
2 个鸡蛋
120毫升水

馅料配料：
300克切碎的瘦牛肉
75克黄油
150克面包屑
150克帕尔玛干酪碎
1 根芹菜
200毫升红葡萄酒
1根胡萝卜
1个洋葱
1瓣大蒜
1茶匙番茄酱
2个鸡蛋
肉豆蔻
2升肉高汤
盐
胡椒粉

料理方法：

取一口陶锅，放入黄油烧热，加入切片的蔬菜炒至焦黄。加入切碎的瘦牛肉和蒜瓣。加入红葡萄酒和一点温水。小火慢煮约10个小时，中途加入番茄酱。

在烹饪结束时，肉几乎完全熟烂，形成浓稠的酱汁。将处理好的面包屑与肉酱、帕尔玛干酪碎混合在一起，如果有需要，可以将蔬菜过筛，筛成泥后加入。然后加入鸡蛋和少许肉豆蔻。搅拌均匀，静置一晚上。

用面粉、鸡蛋和水准备面团。揉好面团，擀成尽可能薄的面皮。以相等的间隔，将肉馅放在意大利面上，约为榛子的大小。折叠面皮，确保边缘很好地黏在一起，并挤出内部的空气，因为空气会导致圆饺在烹饪过程中裂开。使用合适的面食刀将边缘切出弧线呈圆形。圆饺煮好后，与肉高汤一起享用。

所属意大利地区：艾米利亚-罗马涅

伊特拉斯坎风味加乃隆

ETRUSCAN-STYLE CANNELLONI

难度系数： 2级

分量： 4人份
准备时间： 45分钟
烹饪时间： 20分钟

意面配料：
200克面粉
2 个鸡蛋

白汁配料：
50克面粉
50克黄油
750毫升牛奶

馅料配料：
200克帕尔玛干酪碎
300克蘑菇
30克黄油
80克格吕耶尔奶酪
50克意大利熏火腿
盐

料理方法：

将面粉堆放在面板上，并在中间堆成井口形状。将鸡蛋打进井口面粉处。将所有的成分混合，充分揉捏，直到面团光滑。将面团擀成一张较薄的面片，折叠几次后，用刀将其切成约30张8厘米宽的方形面片。在一口大平底锅中加淡盐水烧开，轻煮意面30秒。沥干水分并摊在湿布上冷却。

取一个平底锅开小火，加入黄油，加入面粉并不断搅拌，做成面糊。加入牛奶，小火煮开，做成白汁。将2/3的白汁盛出到碗中。蘑菇切薄片，用少许黄油和几匙水进行烹煮。加入盐调味（也可以使用50克干蘑菇，将它们泡发，同样方法烹煮，再切成大块）。当酱汁快变凉时，加入一半的帕尔玛干酪碎和蘑菇片。在每个方形面片上放半勺馅料，卷起包好，平放在涂好黄油的烤盘中。

将格吕耶尔奶酪和意大利熏火腿切丁，撒在加乃隆肉卷上。在留出的白汁中加入一杯牛奶稀释，开小火热透。将酱汁浇在加乃隆肉卷上，最后再撒一层帕尔玛干酪碎。

将加乃隆肉卷放入预热至180℃的烤箱烘烤20分钟，烤至金黄色即可。

意大利风味加乃隆

ITALIAN-STYLE CANNELLONI

难度系数：3级

分量：4人份
准备时间：30分钟
烹饪时间：1小时

意面配料：
200克面粉
2个鸡蛋

馅料配料：
300克磨碎的瘦牛肉
1根胡萝卜
1个小洋葱
1根芹菜
1茶匙欧芹碎
60克切碎的意大利熏火腿
10克白松露
25克干蘑菇（泡发）
4 个切碎的番茄
100毫升干白葡萄酒
25克面粉
肉豆蔻
盐

酱汁配料：
80克黄油
150毫升肉酱
100克帕尔玛干酪碎
盐
胡椒粉

料理方法：

将面粉堆放在面板上，并在中间堆成井口形状。将鸡蛋打进井口处。将所有的成分混合，充分揉捏至面团光滑且有弹性。静置约20分钟。将面团擀成一张较薄的面片，用刀将其切成约30张，尺寸为10~12厘米宽的方形面片。

将一大锅淡盐水烧开，稍微余烫面片约30秒。捞起沥干水分后放置在拧好的湿布上，放凉。

炖锅开中火热黄油，加入切碎的胡萝卜、洋葱、芹菜和欧芹末。炒至浅棕色，然后加入磨碎的瘦牛肉。翻炒搅拌几分钟，爆出香味，然后加入切碎的火腿、松露和泡发的干蘑菇。撒上盐、胡椒粉和少许肉豆蔻调味。

倒入干白葡萄酒，煮至收汁。撒上面粉，不断搅拌，加入切碎的番茄，1~2匙肉酱，开中火继续烹煮40分钟。当酱汁开始变得浓稠时，关火取出，盛放到碗里，静置冷却。

将馅料放在意大利面上，将其卷成肉卷。平放在涂好黄油的烤盘中，浇上肉酱，并撒上磨碎的帕尔玛干酪。将烤箱预热至180℃，烤20分钟，直至表面呈漂亮的金棕色。

帕特诺珀风味加乃隆

PARTHENOPEAN CANNELLONI

难度系数：2级

分量：4人份
准备时间：20分钟
烹饪时间：35分钟

意面配料：
200克面粉
2 个鸡蛋

馅料配料：
150克乳清干酪
150克马苏里拉奶酪
40克意大利熏火腿
2 个鸡蛋

酱汁配料：
200克帕尔玛干酪碎
200克番茄酱
60克黄油
4片罗勒叶
盐
胡椒粉

料理方法：

将面粉堆放在面板上，并在中间堆成井口形状。将鸡蛋打进井口处。将所有成分混合，充分揉捏直到面团光滑且有弹性。静置约20分钟。将面团擀薄，用刀将其切成10厘米×8厘米大小的长方形面片。

取一个大平底锅，加入淡盐水烧开后，轻煮意面30秒。捞起沥干后放在拧干的湿布上冷却。用筛子将乳清干酪过滤并放入碗中。将马苏里拉奶酪切丁，将火腿切成条状。所有配料放入碗中。加入盐和胡椒粉调味，加入鸡蛋，用叉子搅拌均匀。

在炖锅中融化30克黄油，加入番茄酱，加入少许盐、胡椒粉和罗勒叶调味。烹煮15分钟。

将馅料放在意大利面片上，卷起来制成肉卷。将它们平放在一个涂有黄油的烤盘中，并刷上番茄酱，放上帕尔玛干酪碎及黄油。放入预热至180℃烤箱中烤20分钟，立即享用。

所属意大利地区：坎帕尼亚

索伦托风味加乃隆

SORRENTO-STYLE CANNELLONI

难度系数：2级

分量：4人份
准备时间：30分钟
烹饪时间：55分钟

意面配料：
200克面粉
2个鸡蛋

馅料配料：
300克碎瘦牛肉或猪肉
300克乳清干酪
100克切成小块的马苏里拉奶酪
300克番茄酱
80毫升特级初榨橄榄油
100毫升干白葡萄酒
100克帕尔玛干酪碎
1个洋葱
罗勒叶
盐

料理方法：

将面粉堆放在面板上，并在中间堆成井口形状。将鸡蛋打进井口处。将所有的成分混合，充分揉捏直到面团光滑且有弹性。静置20分钟。将面团擀薄，用利刀将其切成约30张10~12厘米大小的方形面片。

取一个大平底锅，加入淡盐水烧开后，轻煮意面30秒。捞起沥干水分后放在拧干的湿布上冷却。切碎洋葱。

取一个中等尺寸的炖锅，开中火，加入少许特级初榨橄榄油。翻炒洋葱直至透明。加入碎瘦牛肉或猪肉，煮至颜色变成棕色。倒入干白葡萄酒，煮至收汁，然后放入番茄酱、罗勒叶和盐搅拌均匀。如有必要，加一点水。继续烹饪，直到形成浓稠的肉酱，盛碟冷却。然后放入乳清干酪搅拌均匀，撒上一点点磨碎的帕尔玛干酪，以及切成小块的马苏里拉奶酪。

在每个方形面片中间放一勺大小馅料，卷起包好，做成加乃隆肉卷。把做好的加乃隆肉卷放入一个长方形的玻璃器皿上，撒上帕尔玛干酪碎。将剩余的黄油涂在玻璃器皿上，放入预热至180℃的烤箱烤20分钟。立即食用。

肉馅加乃隆

CANNELLONI STUFFED WITH MEAT

难度系数： 2级

分量： 4人份
准备时间： 1小时
烹饪时间： 25分钟

意面配料：
200克面粉
2个鸡蛋

馅料配料：
200克碎肉
100克黄油
150克帕尔玛干酪碎
25克干蘑菇
30克面粉
500毫升高汤
肉豆蔻粉
盐

料理方法：

将面粉堆放在面板上，并在中间堆成井口形状。将鸡蛋打进井口处。将所有成分混合，充分揉捏直到面团光滑且有弹性。静置20分钟。将面团擀薄，用利刀将其切成约30张10~12厘米大小的方形面片。

取一个大平底锅，加入淡盐水烧开后，轻煮意面30秒。捞出沥干水分后放在拧干的湿布上冷却。

在食物处理机中将碎肉与黄油混合，加入100克磨碎的帕尔玛干酪和温水泡好的干蘑菇。煎锅开中火融化20克黄油，加入所有混合物，撒上少许肉豆蔻粉，慢炒。在炖锅中融化30克黄油，然后加入面粉。加入高汤慢慢地煮沸，不断搅拌，做成酱汁。将锅离火，撒上盐调味，再撒上一些磨碎的帕尔玛干酪。

在每个方形面片中间放一勺大小馅料，卷起包好，做成加乃隆肉卷。将它们平放在一个涂有黄油的烤盘中。浇上准备好的酱汁，将余下的帕尔玛干酪碎撒在上边，并点上黄油。在预热至180℃的烤箱中烤20分钟或使之表面颜色变成棕色，立即享用。

所属意大利地区： 坎帕尼亚

乳清干酪香肠加乃隆

CANNELLONI STUFFED WITH RICOTTA AND SAUSAGE

难度系数：2级

分量：4人份
准备时间：1小时
烹饪时间：15分钟

意面配料：
200克面粉
2个鸡蛋

馅料配料：
400克乳清干酪
150克帕尔玛干酪碎
3 根猪肉香肠
1 个鸡蛋
20克猪油
番茄酱
30克黄油
200毫升特级初榨橄榄油
盐
胡椒粉

料理方法：

将面粉堆放在面板上，并在中间堆成井口形状。将鸡蛋打进井口处。将所有成分混合，充分揉捏直到面团光滑且有弹性。静置20分钟。将面团擀薄，用利刀将其切成约30张10~12 厘米大小的方形面片。

取一个大平底锅，加入淡盐水烧开后，轻煮意面30秒。捞起沥干水分后放在拧干的湿布上冷却。

用筛子将意大利乳清干酪过滤并将其盛在碗里。加入100克磨碎的帕尔玛干酪、盐和一个鸡蛋。混合均匀。

取一个小炖锅，注入适量水，开中火将水烧开，再将香肠用牙签戳出小洞，再放入水中。

当香肠煮熟时，取出去肠衣。取一个煎锅，开中火，加热特级初榨橄榄油，放入香肠炒到棕色。静置冷却，把它们切碎后加入到乳清干酪中。

另起一个煎锅开中火，并加入猪油。猪油融化（1分钟）后，加入番茄酱、盐和胡椒粉，并开小火煮10分钟。

在每个方形面片中间上放一勺大小馅料，卷起包好，做成加乃隆肉卷。将它们平放在一个涂有黄油的烤盘中，并浇上所有准备好的酱。再撒上磨碎的帕尔玛干酪，并点上黄油。放入预热至180℃的烤箱中烘烤20分钟，即可享用。

所属意大利地区：艾米利亚-罗马涅

罗马涅风味意式水饺

ROMAGNA-STYLE CAPPELLETTI

难度系数： 2级

分量： 4人份
准备时间： 1小时
烹饪时间： 10分钟

意面配料：
300克面粉
3个鸡蛋

馅料配料：
200克利古里亚经典起司
220克帕尔玛干酪碎
2 个鸡蛋
肉豆蔻
2升肉高汤
盐

料理方法：

取一个碗，放入利古里亚经典起司、帕尔玛干酪碎和鸡蛋。加入新鲜磨碎的肉豆蔻和盐调味。

将面粉堆放在面板上，并在中间堆成井口形状。将鸡蛋打进井口处。将所有成分混合，充分揉捏直到面团光滑且有弹性。静置20分钟。将面团擀薄，用刀将其切成3厘米大小的方形面片。

在每张面皮上放少量填充肉馅，再折叠以形成一个三角形，用手指按压边缘密封。然后再次折叠，取三角形的最宽的一角为折点，将其余的两个角绕在手指上形成一个指环状即可。

将肉高汤加热，将意式水饺放入肉高汤中煮熟，然后用勺子从锅中取出，即可食用。

意大利熏火腿蘑菇千层面

LASAGNA WITH PROSCIUTTO AND MUSHROOMS

难度系数：2级

分量：4人份
准备时间：40分钟
烹饪时间：50分钟

意面配料：
300克面粉
3个鸡蛋
1汤匙烹饪油

酱汁配料：
80克意大利熏火腿
150克蘑菇
200克瘦牛肉肉糜
1个洋葱切碎
1根胡萝卜切碎
1根芹菜切碎
1茶匙欧芹碎
100克帕尔玛干酪碎
130克黄油
300克番茄酱
盐
胡椒粉

料理方法：

将面粉堆放在面板上，并在中间堆成井口形状。将鸡蛋打进井口处，加入烹饪油。将所有的成分混合，充分揉捏直到面团光滑且有弹性。静置20分钟。将面团用压面机擀薄，将其切成7~8厘米大小的方形面片。

取一个大炖锅，加入淡盐水烧开后，每次加入6~8片意大利面皮。一旦它们漂浮到水面，就用漏勺将其取出并放在用温水浸泡并拧干水分的湿布上。持续相同动作直到所有面片全部煮熟。另取一个炖锅，加热20克的黄油，加入切碎的洋葱、胡萝卜、芹菜和欧芹。轻轻煎炒直到呈金色。加入碎牛肉肉糜，煮至棕色。

蘑菇洗净，切成薄片，加入锅中。约4分钟后，加入番茄酱，撒上盐和胡椒粉调味。再煮25分钟左右。

将烤盘涂上黄油。一层层铺上面皮，每层浇上肉和蘑菇酱，一点切成细条的意大利熏火腿，用黄油点在各处。

最上面盖上一层面片。倒入融化的黄油和一些磨碎的帕尔玛干酪。

烤箱预热至160℃烤20分钟，直到顶部变色。将剩下的帕尔玛干酪碎撒在上面，即可享用。

那不勒斯风味千层面

NEAPOLITAN-STYLE LASAGNA

难度系数： 2级

分量： 4人份
准备时间： 1小时
烹饪时间： 40分钟

意面配料：
300克面粉
3个鸡蛋
10毫升特级初榨橄榄油

馅料配料：
150克切片的带松露的猪肉香肠
250克乳清干酪切片
2个切碎或切片的煮熟的鸡蛋
100克切片的马苏里拉奶酪
60克帕尔玛干酪碎
1根小胡萝卜
1 小根芹菜
1 个小洋葱
1小枝牛至叶碎
50克猪油
300克牛肉糜
150毫升红葡萄酒
50毫升特级初榨橄榄油
10克面粉
250克番茄酱
盐
胡椒粉

料理方法：

在盐水中煮鸡蛋约10分钟。

将猪油和特级初榨橄榄油放入一个小砂锅中加热，蔬菜切成碎末放入锅中，再加入牛肉糜炒至棕色。倒入红葡萄酒，没过食材，加入切碎的牛至叶，撒上盐和胡椒粉调味。当红葡萄酒煮至收汁时，加入少量面粉，煮几分钟。然后加入番茄酱，继续烹饪约1小时，如有必要，加入少量高汤。

将面粉堆放在面板上，并在中心做好一个井。加入鸡蛋和油。揉捏直到面团光滑和弹性。静置20分钟，并在面食机中压成相当薄的面皮。切成长条，长度以各自的烤盘尺寸为准。

在一大锅盐水中氽烫面片40秒。沥干水分后将其放在干净的布上晾干。

在一个涂上黄油的烤盘中，将意大利面层层放上，每层浇上肉酱，然后加入切片带松露的猪肉香肠、乳清干酪切片、切碎或切片的煮熟的鸡蛋和切片的马苏里拉奶酪，确保它们均匀分布。

最上面盖上一张意大利面，撒满磨碎的帕尔玛干酪碎。放入预热至180℃的烤箱中烤30分钟，直到呈现漂亮的褐色。取出后静置片刻，即可享用。

主厨的秘诀：

意面放入开水中煮时，记得一定要搅拌。

所属意大利地区：坎帕尼亚

美食历史

这是一道非常丰盛和美味的菜肴，是忏悔日的传统食物。它是由各种高脂肪含量的成分制成的，这些食物在圣灰星期三后的大斋节期间都不可以食用。

狂欢节是天主教国家特有的庆祝活动，结束于忏悔日——圣灰星期三的前一天，而圣灰星期三则开启了大斋节。

意大利语“Carnevale”来自于拉丁语中的“Carnevale”（去除肉），传统上指的是在大斋节斋戒前吃的大鱼大肉。因为这个原因，狂欢节的食谱从甜点到头盘通常都是丰富且有营养的，如那不勒斯风味千层面。

番茄肉酱千层面

LASAGNA BOLOGNESE

难度系数： 2级

分量： 4人份
准备时间： 2小时
烹饪时间： 30分钟

肉酱配料：
120克猪肉糜
120克牛肉糜
50克胡萝卜
50克洋葱
50克芹菜
60毫升特级初榨橄榄油
75克番茄酱
100毫升干红葡萄酒
水
盐
胡椒粉

意面配料：
300克面粉
2个鸡蛋
150克菠菜

白汁配料：
2升牛奶
160克黄油
160克面粉
200克帕尔玛干酪碎

料理方法：

锅中开中火倒油放蔬菜，轻炒至蔬菜软熟。加入肉，开大火炒至焦黄。

加入干红葡萄酒，煮至完全收汁。转小火，放入番茄酱搅拌均匀。撒上盐和胡椒粉调味，然后加水慢慢煨约40分钟。

将面粉堆放在面板上，并在中间堆成井口形状。菠菜焯水，沥干水分后切碎。把鸡蛋打进面粉中，并加入菠菜。将所有成分混合，充分揉捏直至面团光滑有光泽。静置20分钟，然后用意面机将其压成薄薄的面皮，再切成能够放进烤盘的长条。

淡盐水烧开，将意面放入其中稍微氽烫20秒。捞出沥干水分，并放在干净的布上晾干。

将黄油倒入一个小炖锅里，开火融化，然后放入面粉搅拌。一点一点地加入牛奶，煮沸，不断搅拌，制成白汁。

烤盘擦上黄油，铺上宽面条，再浇上肉酱，撒上帕尔玛干酪碎，再盖上一层面皮、肉酱以及白汁，层层叠叠，直至有4或5层面皮。

在最后一层面皮上浇上白汁并点上黄油。烤箱开中火，预热至180℃，将铺好面食的烤盘放入其中烤30分钟，直至面皮表层变为金棕色。烘烤完毕取出烤盘，静置15分钟后，即可享用。

所属意大利地区： 艾米利亚-罗马涅

热那亚风味千层面

GENOVESE-STYLE LASAGNA

难度系数： 1级

分量： 4人份
准备时间： 30分钟
烹饪时间： 5分钟

意面配料：
300克面粉
3个鸡蛋

香蒜酱配料：
30克罗勒叶
15克松仁
1瓣大蒜
200毫升特级初榨橄榄油
60克帕尔玛干酪碎
40克熟佩科里诺干酪碎
盐
胡椒粉

料理方法：

首先准备香蒜酱：将大蒜和罗勒叶切碎，撒上一点盐以保持罗勒叶的新鲜绿色。切好后，放入研钵中，与松仁一同捣碎成浆，制成香蒜酱，如有需要可以加入少许特级初榨橄榄油。香蒜酱制成后放入碗中，再加入其他的配料：熟佩科里诺干酪碎、帕尔玛干酪碎、余下的油、适量盐及胡椒粉。

将面粉堆放在面板上，并在中间堆成井口形状。把鸡蛋打进面粉中，并加入少许油。将所有成分混合，充分揉捏直至面团光滑有光泽。静置20分钟，然后用意面机将其压成薄薄的面皮，再切成10厘米的正方形面皮。

淡盐水烧开后煮意面，煮熟后捞出沥干水分；再将少许煮面的汤水放入制好的酱汁中使其稀释，并浇到面上，即可享用。

皮埃蒙特风味千层面

PIEDMONT-STYLE LASAGNA

难度系数：2级

分量：4人份
准备时间：35分钟
烹饪时间：5分钟

意面配料：
500克面粉
100克帕尔玛干酪碎
2个鸡蛋
2个蛋黄

酱汁配料：
150克黄油
1汤匙肉酱
60克帕尔玛干酪碎
白松露刨花
肉豆蔻
盐
胡椒粉

料理方法：

将面粉堆放在面板上，并在中间堆成井口形状。把鸡蛋打进面粉中，并加入蛋黄和帕尔玛干酪碎。将所有成分混合，充分揉捏直至面团光滑有光泽。静置20分钟，然后用意面机将其压成薄薄的面皮，再切成约4厘米宽、8厘米长的面条。

取大锅，倒水，煮至沸腾，放入意面煮至软硬适中后捞出沥干水分；另起一个锅放入黄油、余下的帕尔玛干酪碎、少许胡椒粉、肉豆蔻、肉酱，再放入沥干水分的意面。翻炒均匀，静置一会儿使其香味充分散发，然后搭配白松露刨花与面同食。

所属意大利地区：皮埃蒙特

意式饺子派

TORTELLINI PIE

难度系数：2级

分量：4人份
准备时间：45分钟
烹饪时间：20分钟

500克意式饺子
250克肉酱
1.5升肉高汤
70克帕尔玛干酪碎
盐

酥皮配料：
400克面粉
80克黄油
40克糖
2个鸡蛋
1个鸡蛋黄

料理方法：

意式饺子和肉酱先准备好，然后开始制作酥皮：在面板上，放上面粉，与黄油、糖、鸡蛋以及少许盐充分混合揉搓。将揉好的面团盖上布静置约30分钟，然后擀成厚约2毫米的面皮。使用面皮切出面片，使其尺寸刚好能够铺满蛋糕盘的底部和侧面。记得先给蛋糕盘刷一层黄油。

意式饺子放入沸水中烹煮，煮到每一颗饺子都浮出水面即可将其捞起。浇上大约一半的肉酱和帕尔玛干酪碎。混合好酱汁后将意式饺子整齐排放在蛋糕盘中，然后点上黄油，浇上肉酱，撒上帕尔玛干酪碎，继续摆放意式饺子、肉酱和帕尔玛干酪碎，直到将所有的配料都用完，最后用剩下的酥皮盖在其上，然后将边缘封好。鸡蛋黄打散，再加入一点水使其稀释，再用刷子蘸上蛋黄液刷在酥皮表面，最后用叉子在酥皮上方插出几个小洞。

将馅饼放入预热至180℃的烤箱烤约40分钟。取出后在模具中将其冷却10分钟，即可享用。

所属意大利地区：艾米利亚-罗马涅

酱汁意大利面卷

PASTA ROLL WITH SAUCE

难度系数：2级

分量：4人份
准备时间：40分钟
烹饪时间：20分钟

意面配料：
2个鸡蛋
200克面粉

馅料配料：
400克菠菜
200克火腿
盐
胡椒粉

酱汁配料：
400毫升肉酱
60克帕尔玛干酪碎
15克黄油

料理方法：

将面粉堆放在面板上，并在中间堆成井口形状。将鸡蛋打进井口处。将所有的成分混合，充分揉捏直到面团光滑。静置20分钟。

锅中加入少量水煮开，放入菠菜汆烫，煮熟后捞起沥干多余水分，用刀或者搅拌机打碎。将火腿切碎和菠菜末混合，加入盐和胡椒粉调味。

将面团擀成薄薄的面皮，铺上一层馅料。然后将带馅的面皮卷起来，放在布上。最后将面卷包在布中，将两端绑在一起固定。大平底锅中加水烧开，水沸后加少量盐，放入卷好的面卷，炖煮约15分钟。

从锅中取出煮好的布包面卷，小心地取出布片，将面卷切片。将耐热碟擦上黄油，铺上切好的面卷，最后浇上肉酱和帕尔玛干酪碎。

这道菜可以提前准备。只需要在享用前，放进烤箱里烤几分钟直至意大利面卷表皮呈现棕色即可。

唐莴苣乳清干酪馅意式饺子

SWISS CHARD AND RICOTTA-STUFFED TORTELLI

难度系数：3级

分量：4人份
准备时间：1小时
烹饪时间：5分钟

意面配料：
300克面粉
3个鸡蛋

馅料配料：
1把唐莴苣
700克乳清干酪
50克帕尔玛干酪碎
30克黄油
1个鸡蛋
肉豆蔻粉
盐

酱汁配料：
60克黄油
60克帕尔玛干酪碎

料理方法：

将面粉堆放在面板上，并在中间堆成井口形状。将鸡蛋打进井口处。将所有的成分混合，充分揉捏直到面团光滑。静置20分钟。

锅中加水烧开，煮沸时加入唐莴苣。煮好后捞起，沥干多余水分，然后切碎。

同时，将乳清干酪过筛，加入帕尔玛干酪碎、融化好的黄油、鸡蛋及唐莴苣碎，撒上盐、胡椒粉以及肉豆蔻粉调味。

将面团擀成薄皮，切成8厘米的正方形面皮。小心地将少量榛子大小的馅料放在面皮上，然后对折面皮形成三角形，用叉子尖按压开口边缘将其封口。淡盐水烧开放入意式饺子，煮至软硬适中后捞出沥干水分，然后浇上黄油，撒上帕尔玛干酪碎，即可享用。

所属意大利地区：艾米利亚-罗马涅

南瓜意式馄饨

PUMPKIN TORTELLI

难度系数：3级

分量：4人份
准备时间：1小时30分钟
烹饪时间：5分钟

意面配料：
300克面粉
3个鸡蛋

馅料配料：
600克南瓜
80克帕尔玛干酪碎
1个鸡蛋
肉豆蔻粉
盐

酱汁配料：
60克黄油
60克帕尔玛干酪碎

料理方法：

将面粉堆放在面板上，并在中间堆成井口形状。将鸡蛋打进井口处。将所有的成分混合，充分揉捏直到面团光滑。静置20分钟。

将南瓜去除种子和多余的瓤肉，切片。可以用烤箱烘烤，或者在淡盐水中煮熟或蒸熟。南瓜去皮并用筛子压成浆，然后放在布或厨房纸上吸干水分。最后加入帕尔玛干酪碎和鸡蛋搅拌混合，撒上盐及肉豆蔻粉调味。静置约30分钟。

将面团擀成薄薄的面皮，再切成边长为6厘米的正方形面皮。

取大约一颗榛子大小分量的馅料放在面皮中间，折叠成三角形，并用手指按压边缘，以确保在烹饪过程中不会露馅。然后将三角形最外的两个角绕起来包住食指固定，制成意式馄饨。

大锅加入淡盐水烧开，将意式馄饨放入其中，煮至软硬适中后捞出沥干水分，浇上融化的黄油和帕尔玛干酪碎，即可享用。

所属意大利地区：伦巴第

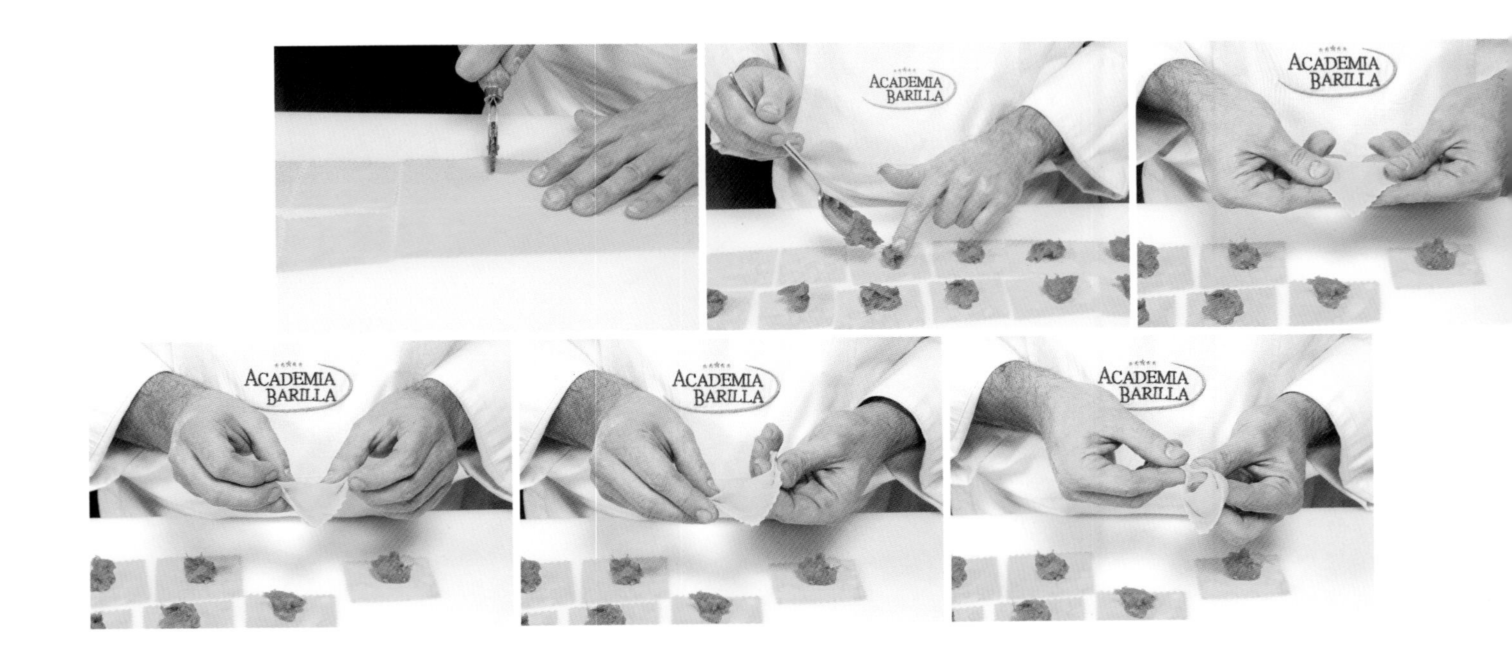

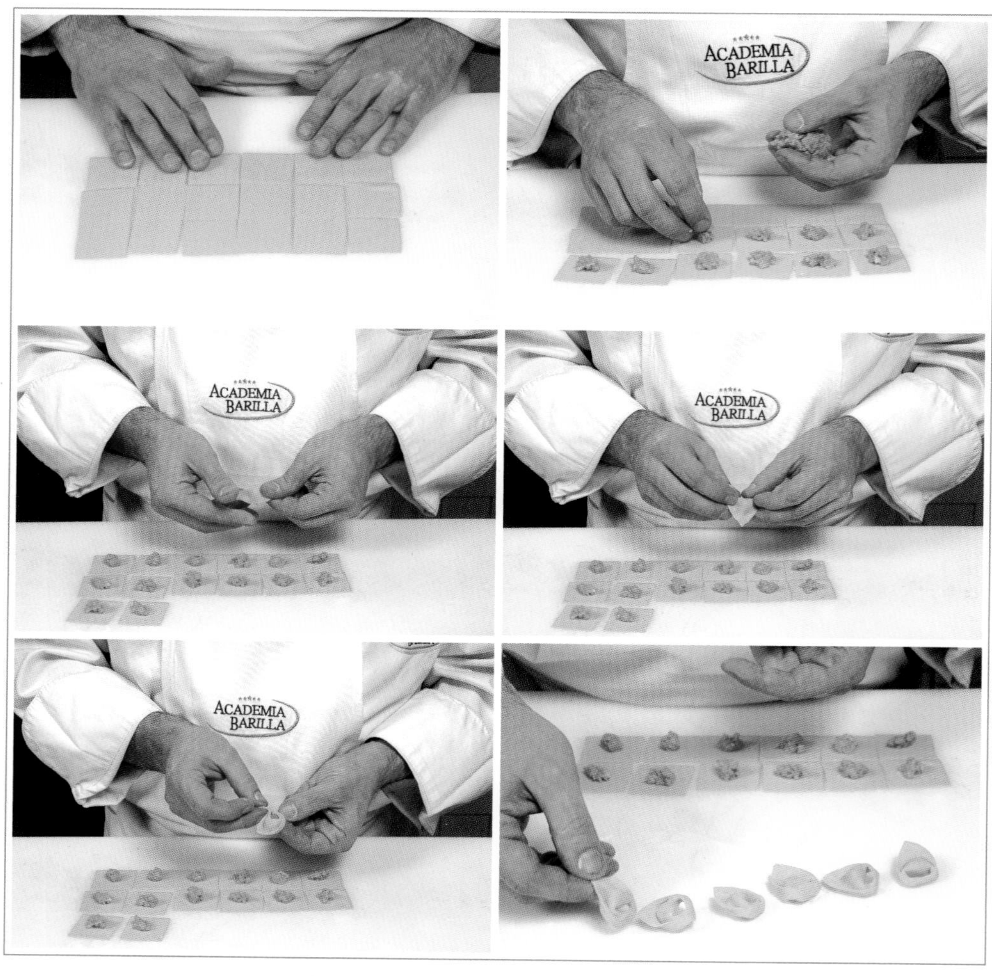
ACADEMIA
BARILLA
ACADEMIA
BARILLA
ACADEMIA
BARILLA
ACADEMIA
BARILLA

番茄肉酱意式馄饨

TORTELLINI BOLOGNESE

难度系数： 3级

分量： 4人份
准备时间： 1小时30分钟
烹饪时间： 5分钟

意面配料：
300克面粉
3个鸡蛋

馅料配料：
100克意式肉肠（或摩泰台拉香肚）
100克意大利熏火腿
100克猪腰条肉
120克帕尔玛干酪碎
20克牛骨髓（可选）
1个鸡蛋
2升高汤
肉豆蔻粉
盐

料理方法：

将面粉堆放在面板上，并在中间堆成井口形状。将鸡蛋打进井口处。将所有成分混合，充分揉捏直到面团光滑。静置20分钟。

研磨意式肉肠、意大利熏火腿、猪腰条肉和牛骨髓。将帕尔玛干酪碎和鸡蛋加入其中搅拌成肉团。撒上盐和肉豆蔻粉调味。

将面团擀成薄薄的面皮，切成边长为3厘米的方块面片。在每块正方形面皮上放一点点肉馅并折叠成一个三角形，用手指按压边缘。

再将三角形顶角往下折，两边的角折到中间固定，使整颗馄饨包起来后，绕住手指形成一个环。

把高汤煮沸，然后放入馄饨煮至软硬适中。静置几分钟后，即可享用。

所属意大利地区： 艾米利亚-罗马涅

特色意大利面

今天，意大利面不再限于使用硬质小麦粗粒小麦粉或加鸡蛋的类型，它还可以包含多种丰富的原料。为了满足日益增长的新需求，意大利面制品已经逐渐多样化，呈现出越来越丰富多样的色彩和口味。

“特色意大利面”可以被定义为一种除了水或鸡蛋之外，还引入各种口味或成分的面食：添加了麦芽和面筋的意大利面、小麦胚芽意面（总量占3%）、含有水溶性乳蛋白的意面、蔬菜面食和加入食用蘑菇、松露、天然调味料、香料、香草、辣椒酱、藏红花，以及在某些情况下，最大比例为4%的带盐的意大利面食。

同属于这个分类的还有许多种类。例如，绿色意大利面是用菠菜或者唐莴苣上色调味的，而红色意大利面则是用番茄着色的。还有用乌贼墨水着色的面食，乌贼墨水是墨鱼的防御武器。还有意大利面全部或部分使用了其他丰富的谷物，而不是全麦面粉，如由栗子制成的面粉。还有些意大利面使用了不同起源的面粉，如荞麦面粉，用于制造世界著名的瓦尔泰利纳谷的荞麦意式扁面（Pizzoccheri）。

添加不同原料的原因各不相同：例如提高烹饪过程的性能（如加入面筋或牛奶）；为了提供额外的蛋白质，如已经存在于硬质小麦粗粒小麦粉中的蛋白质；或通过添加牛奶、小麦胚芽或豆类中的蛋白质来改善营养价值。因此，通过调味料、蔬菜或麦芽，通过颜色或风味区分食物，使面食成为完美的食物。还有特色产品“准意大利面”，是由不属于小麦家族的谷物制成，例如玉米粉或大米。

基本上，特色意大利面分为两类：含有麸质（小麦、黑麦等）和不含麸质（大米、玉米、大麦、燕麦等）。后者更多地适用于膳食需要。从烹饪的角度来看，所有特色意大利面均归功于创作者的想象力和创造力（在某些情况下来源于传统食谱），可以被称为真正的烹饪创新。

最后在这个分组中，为了简单起见，还包括使用土豆制作的菜肴食谱。这些产品包括诸如意式面疙瘩这样的产品，虽然从传统意义上不能被描述为意大利面，但现在因为成为非常受欢迎的头盘而声名远扬。

ACADEMIA BARILLA

罗马涅风味肉酱土豆圆形意面

POTATO GNOCCHI WITH MEAT SAUCE ROMAGNA-STYLE

难度系数：2级

分量：4人份
准备时间：30分钟
烹饪时间：1小时

面团子配料：
400克熟土豆泥
100克面粉
1个鸡蛋
盐

肉酱配料：
250克牛臀肉或牛腿肉
50克切碎的猪油或猪肉肥膏
半个小洋葱
1根小胡萝卜
半根芹菜
50毫升特级初榨橄榄油
200克番茄酱
100毫升干红葡萄酒
高汤（如需要）
1 片月桂叶
60克帕尔玛干酪碎
盐
胡椒粉

料理方法：

将面粉、鸡蛋和少许盐放入熟土豆泥中趁热充分混合，使面团既紧致又细腻柔软。把面团切成几块，蘸上面粉后用手捏成直径为20~30毫米的小棍状。然后切成圆柱形，且每个不超过30毫米长。

用大拇指和叉子将每一根小棍的中间轻轻捏扁，然后放在撒上面粉的干毛巾上。

将芹菜、胡萝卜和洋葱切碎。牛臀肉或牛腿肉搅成肉碎。取大平底煎锅，开大火热油，然后放入切碎的猪油或猪肉肥膏。炒热后，即加入切碎的蔬菜，炒至金棕色。几分钟后再加入肉碎和月桂叶，翻炒约10分钟直至变成漂亮的褐色。将干红葡萄酒全部倒入锅中，并煮至完全收汁。最后加入番茄酱。关小火，慢炖大概40分钟。如有需要，可以加入少许高汤，防止肉酱煮的太干。加入盐和胡椒粉调味。

淡盐水烧开后放入圆形意面，煮约1分钟即可捞起沥干水分，然后浇上准备好的肉酱和帕尔玛干酪碎。

佩科里诺罗马诺干酪粗粒小麦粉饺子

SEMOLINA DUMPLINGS WITH PECORINO ROMANO

难度系数： 2级

分量： 4人份
准备时间： 45分钟
烹饪时间： 5分钟

250克粗粒小麦粉
1升牛奶
70克黄油
3 个鸡蛋黄
200克佩科里诺干酪碎
肉豆蔻
盐
胡椒粉

料理方法：

取大平底锅开中火，注入牛奶煮沸，加入盐和胡椒粉调味。撒入粗粒小麦粉，不停搅拌防止形成面疙瘩，再煮几分钟。当面浆开始凝固且与锅边分离的时候即可关火，将锅从炉子上取下来，静置几分钟冷却。打入鸡蛋黄以及肉豆蔻搅拌，然后加入1/4佩科里诺干酪碎，搅拌均匀。

加入黄油，在用油或黄油涂抹过的平面揉制面团。用黄油轻轻地刷在面团的表面，然后在防油纸上将面团用擀面杖擀成0.5厘米厚的面皮。静置冷却。

使用水滴状的意面裁剪器将面皮切割，然后放在擦上黄油的烤盘中。

撒上剩余的佩科里诺干酪碎，然后放入预热至200℃的烤箱中焗烤几分钟。这种面食可以配上新鲜的番茄酱食用。

主厨的秘诀：

肉豆蔻必须在饺子从炉子上取下的时候加入，如果在煮面团的过程中加入肉豆蔻，则会损耗其香气和味道。粗粒小麦粉则必须在水沸的时候再加入，不然就不能凝结起来。

鸡蛋黄和佩科里诺干酪碎一定要在面糊关火后再加入，以防煮过。

所属意大利地区： 拉齐奥

ACADEMIA
BARILLA

ACADEMIA BARILLA
ACADEMIA BARILLA
ACADEMIA BARILLA
ACADEMIA BARILLA
ACADEMIA BARILLA
ACADEMIA BARILLA
ACADEMIA BARILLA

南瓜圆形意面

PUMPKIN GNOCCHI

难度系数：2级

分量：4人份
准备时间：1小时
烹饪时间：10分钟

意面团子配料：
1千克黄色南瓜
100克面粉
150克面包屑
2个鸡蛋
80克帕尔玛干酪碎
盐
胡椒粉

酱汁配料：
60克融化好的黄油
8片鼠尾草叶

料理方法：

将南瓜切成小块，除去种子。盖上锡箔纸，并在其上插出几个小孔以便蒸汽散出，放进预热至190℃的烤箱中烤约40分钟。当南瓜熟透后，将皮去除，将果肉放在蔬菜压榨机中以粗打模式大致打碎；然后静置冷却。加入面粉、2/3的面包屑、20克帕尔玛干酪碎、鸡蛋、盐以及胡椒粉，混合揉制成紧致、柔软且细腻的面团。

将面团分成几份，裹上面粉，然后用手掌搓成直径为25毫米的短棍。然后再切成长度不超过3厘米的小棍。盘子上撒上一层薄薄的面粉，然后将做好的圆形意面放在上面。

取一个平底锅开小火，融化黄油，然后加入用手撕好的鼠尾草。

淡盐水烧开加入圆形意面，煮至浮出水面即可捞出沥干水分。然后放在烤盘上，并撒上剩余的面包屑和帕尔玛干酪碎。接着倒入融化好的黄油，再放入预热至180℃的烤箱中烤5分钟。

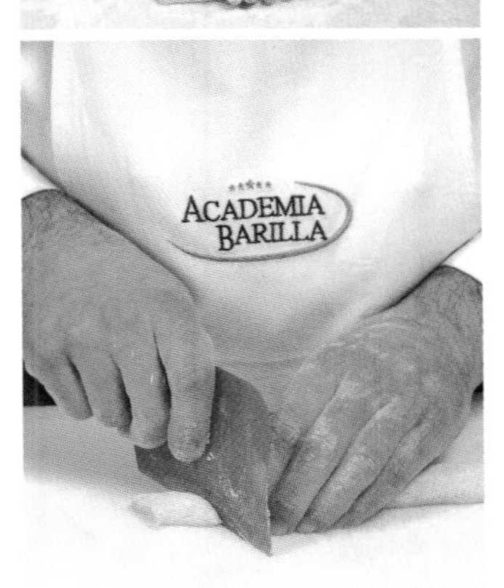

所属意大利地区：弗留利-威尼斯朱利亚

ACADEMIA BARILLA

豆汤意式饺子

DUMPLINGS WITH BEANS

难度系数：2级

分量：4人份
准备时间：50分钟（提前12小时浸泡豆类）
烹饪时间：1小时10分钟

意面配料：
200克面粉
100克面包屑
150毫升温水
少许盐

豆汤配料：
200克细细切碎的猪肉肥膏或猪油
10克黄油
20毫升橄榄油
200克博罗特豆
1瓣大蒜
1个小洋葱
1根芹菜
1根胡萝卜
150克猪皮
2茶匙欧芹碎
5片罗勒叶
100克帕尔玛干酪碎
盐

料理方法：

将面粉堆放在面板上，并在中间堆成井口形状，然后将面包屑放入井口处。再加入盐和水。将所有的成分混合，充分揉捏直到面团光滑且有弹性。静置30分钟。将面团搓成长约5毫米的长棍状，用手拧下小块面团，每个约为10毫米长。

然后，将每一块小面团放在面板上不停揉搓，再用拇指轻轻按压做出一个凹槽。

处理豆类。取一个平底锅开小火，放入黄油、橄榄油、切碎的猪油、整颗蒜瓣，翻炒15分钟。将蔬菜切成约5毫米的碎粒。猪油完全融化后，取出蒜瓣，并放入切好的蔬菜碎粒。翻炒几分钟，直至蔬菜的颜色变深，然后加入泡软的博罗特豆，不时搅拌带出香味，加入3升清水慢煮至沸腾。速炸猪皮，然后用冷水冲洗。同时，取平底煎锅开中火加热猪皮，再加入清水没过猪皮。煮至沸腾后再煮几分钟，捞起后去除多余的脂肪。再切成10毫米的肉丁。

煮博罗特豆过程中（约30分钟），加入猪皮碎丁。豆子煮好后即可调味。然后加入意面，再煮10分钟。

关火，加入一半的帕尔玛干酪碎、欧芹碎以及手撕罗勒叶，搅拌均匀。最后配上剩余的帕尔玛干酪碎食用。

所属意大利地区：艾米利亚-罗马涅

ACADEMIA BARILLA

荞麦意式扁面

PIZZOCCHERI

难度系数：2级

分量：4人份
准备时间：30分钟
烹饪时间：15分钟

意面配料：
250克黑荞麦粉
75克面粉
165克水

酱汁配料：
350克皱叶甘蓝或唐莴苣
250克黄油
250克淡味卡塞拉奶酪
2瓣大蒜
100克帕尔玛干酪碎
盐

料理方法：

将面粉和黑荞麦粉两种类型的面粉混合在一起。放在面板上，加入适量清水揉成面团。揉至少15分钟直到面团的触感顺滑。然后将面团擀成不超过5毫米厚的面皮，并将其切成约70毫米的长条。将面片叠在一起，将其切割成稍宽于5毫米宽的短面条。将卡塞拉奶酪切成非常薄的切片，并放入冰箱中冷藏。

将皱叶甘蓝撕成大块（或将唐莴苣切成5毫米大小的块）。取大平底锅，烧开水。当水沸腾后，加入皱叶甘蓝或唐莴苣块。再煮5分钟后，在水中加盐并放入意面。在大火下的沸水中煮7~10分钟。在沥干水分之前，检查荞麦意式扁面，以确保它们变软，但不要煮过软。

然后，用一个漏勺将一些荞麦意式扁面和蔬菜从锅中取出并放在烤盘中。撒上帕尔玛干酪碎和淡味卡塞拉奶酪。用同样的方法继续处理，直到所有的食材都被用完。烹煮荞麦意式扁面时，取小平底锅开小火，放入黄油和整瓣蒜。当黄油融化后，取出蒜瓣，然后将黄油倒入盛放荞麦意式扁面的烤碟中，即可享用。

黄油的量可能看起来过多，但在泰廖当地的食谱中，这是制作荞麦意式扁面的传统方式。

所属意大利地区：伦巴第

马尔凯风味千层面

MARCHE-STYLE LASAGNA

难度系数：2级

分量：4人份
准备时间：1小时
烹饪时间：45分钟

薄饼配料：
40克面粉
3个鸡蛋
20毫升特级初榨橄榄油
100毫升牛奶
20毫升熟酒
40克帕尔玛干酪碎
盐

肉酱配料：
80克黄油
50克面粉
150克意大利熏火腿
100克瘦肉糜
50克阿夸拉尼亚松露刨花
300毫升奶油
1升牛奶
盐
胡椒粉

料理方法：

制作薄饼：

除了油以及帕尔玛干酪碎以外，将所有的配料混合，打成平滑的面糊。取平底锅开中火，擦上少量油，将所有面糊逐次铺进锅里微煎做成薄饼。

制作肉酱：

意大利熏火腿切丁。平底锅置火上，开中火，加入黄油。加入火腿丁和瘦肉糜，翻炒10分钟左右，直至肉碎完全焦黄。加入面粉并翻炒至干焦。再加入牛奶煮约30分钟。撒上盐和胡椒粉调味。加入奶油和阿夸拉尼亚松露刨花出味。耐热碟擦上黄油，将薄饼铺在其上，然后浇上肉酱，一层一层地直至将所有配料都用上，确保最后一层是肉酱。撒上帕尔玛干酪碎后，放入预热至180℃的烤箱中烤至变成金黄色。从烤箱中取出，稍微冷却后即可享用。

主厨的秘诀：

这道马切拉塔地区典型的千层面在马尔凯地区非常受欢迎，那里的人们认为如果没有它就没有圣诞节。

为了确保菜肴能够具备其传统丰富的味道，请使用所有马尔凯地区出产的原料和产品。

所属意大利地区： 马尔凯

美食历史

传统上认为，马尔凯风味千层面是一种最初来自马切拉塔地区的菜肴，名字来源于一位奥地利将军温迪施格雷茨亲王。这位将军在1799年与拿破仑作战，据说这道菜就是为他而准备的。但事实上，这道菜显然很早就已经是该地区的传统美食了：其实它早在1783年就被人提及，以“Princisgras”的名称在安东尼奥·内比亚的书籍《马切拉塔的厨师》（*Il Cuoco Maceratese*）中出现。

烹饪干面条

要煮好干面条，仅需遵循如下这些简单的规则。

每100克的干面条需要1升水和7克盐来进行烹饪。

将面条浸入烧开的盐水中。

在烹煮的前几分钟，需要搅拌意大利面以避免面条黏在一起。按照加工商说明的烹煮时间进行。如果意大利面需要和酱汁混合后搅拌的话，最好在包装所示建议烹煮时间前几分钟将其沥干水分，然后放进煮酱汁的锅里继续烹煮，并加一点点煮面汤水。

白汁

调味酱的浓稠度是根据面粉的用量变化的。此处介绍两种不同的原料调配比例。

准备时间： 10分钟

分量： 4人份

稀白汁： 可以替代奶油来使菜肴的口味变淡。

1升牛奶

30克黄油

30克面粉

盐

胡椒粉

千层面白汁：

1升牛奶

90克黄油

90克面粉

盐

胡椒粉

肉豆蔻

料理方法：

取一个平底锅，开中火至小火。加入黄油融化。加入面粉，煮10秒钟。一点一点加入牛奶，同时搅拌。牛奶会一点一点变浓稠。加入多一些牛奶并不停搅拌能够防止产生面疙瘩。继续放入所有的牛奶。

番茄酱

准备时间： 30分钟

分量： 4人份

400克去皮番茄

60克洋葱

60克芹菜

60克胡萝卜

1瓣大蒜

5克罗勒叶

100毫升特级初榨橄榄油

3克糖

盐

胡椒粉

料理方法：

将胡萝卜、洋葱和芹菜清洗干净，切成小块。

取平底锅开中火，倒入油，加入带皮大蒜，将蔬菜炒至软熟。

加入切成块的番茄、罗勒叶、盐、胡椒粉及糖，慢炖至少20分钟。

将食材全部倒入蔬菜压榨机中研磨。

肉酱

准备时间： 15分钟

烹饪时间： 2小时

分量： 4人份

300克肉（内脏，肌腱等）

1根胡萝卜

1个洋葱

1根芹菜

2瓣大蒜

50毫升特级初榨橄榄油

80克番茄酱

40克面粉

200毫升白葡萄酒

料理方法：

蔬菜清洗干净并切成约10毫米长的碎粒。

取一个平底锅开中火，加入油、大蒜和蔬菜，翻炒。加入肉，炒至焦黄。加入番茄酱，继续烹炒数秒。倒入白葡萄酒中煮至收汁。撒上适量面粉，倒入约3升水。小火慢煮数小时。然后将煮好的全部食材倒入过滤器中滤出，作为酱汁使用或者用来丰富别的酱汁。

肉高汤

烹饪时间： 3~6小时

分量： 4人份

4升水
300克牛肉
1/4只老母鸡或阉鸡
1根芹菜
1个去皮洋葱
1粒丁香
1根胡萝卜
5根欧芹

料理方法：

最适合做上好高汤的牛肉切割部分是胸肉、腱肉、肩胛肉、后腿牛排、牛胸腩、腹肉以及牛尾。

而老母鸡或阉鸡基本上所有部分都可以用来制作高汤，实际上可以使用整鸡，只要完全清洗干净并去除内脏即可。

在陶罐或厚底平底锅中加入凉水，放入肉，浸泡30分钟。

也可以加入骨头，以制作口味更佳丰富的高汤。

将平底锅开小火加热，慢慢煮沸，加少许盐。用漏勺撇去烹煮过程中高汤表面的浮渣和杂质。

继续小火烹煮高汤，直到汤汁清澈，然后关火冷却。冷却之后，继续用小火加热，加入芹菜、去皮胡萝卜、欧芹、去皮洋葱，绑好丁香，以方便在制作完成后捞出。将高汤慢慢煮沸，盖上盖之后，继续以小火继续烹煮，最少烹煮3小时，如果需要可延长烹煮时间。

将高汤放于阴凉处冷却，直至表面形成一层凝固的脂肪。随后用漏勺去除全部或部分脂肪层，得到纯高汤或去除部分脂肪的高汤。

肉高汤对于鲜意面馅料、烩饭和众多意大利食谱的准备都很重要，是烹煮的重要底料之一。

布洛尼肉酱

烹饪时间： 1小时

分量： 4人份

120克猪肉糜
120克牛肉糜
50克胡萝卜
50克洋葱
50克芹菜
60毫升特级初榨橄榄油
75克番茄酱
100毫升干红葡萄酒
盐
胡椒粉
水
1瓣蒜
1枝迭迭香

料理方法：

取一个平底锅开中火加热。加入油，油热后，加入蔬菜，翻炒至软熟。加入肉，炒制颜色金黄。

然后加入番茄酱，烹炒几秒钟。倒入干红葡萄酒，煮至完全收汁。加入盐和胡椒粉调味，如果需要可以加入少许水，文火烹煮至少40分钟，如果需要可以再加入一些水。

取1瓣蒜切碎，如果想要增加更多味道，可加入一枝迭迭香。

美味搭档

意大利面和它们的理想搭档

圆圈意面
肉汤

条纹环状意面
肉汤

卷边花形意面
肉酱

短意面
一般做汤

意式长管通心粉
番茄肉酱、由培根、蔬菜、奶酪和鸡蛋制作的酱汁

空心长烛面
那不勒斯肉酱、肉酱

加乃隆意面
填馅、焗烤

宽短切型意面
做汤、烤制点心

天使意面
做汤、烤制点心

鸟巢意式细面
肉汤

层叠鸟巢意式细面
肉汤

小弯通形意大利面
番茄酱、简单的油基底酱、肉酱

小贝壳面
清汤

中号光滑顶针意面
豆汤、蔬菜汤

小号光滑顶针意面
豌豆汤、扁豆汤

小号条纹顶针意面
豌豆汤、扁豆汤

大号光滑顶针意面
蔬菜汤

大号条纹顶针意面
做汤、烤制点心

螺旋意面
由肉、蔬菜、奶酪和鸡蛋制作的酱汁

蝴蝶意面
番茄酱、简单的油基底酱、奶酪酱

蝴蝶结意面
肉汤

大蝴蝶意面
番茄酱、简单的油基底酱、奶酪酱

宽条意面
简单的黄油基底酱、由奶酪和鸡蛋制作的酱汁

意大利宽面
由黄油、奶酪和奶油制作的酱汁

鸟巢意面
肉汤

长切形意面
由蔬菜、鸡蛋和奶酪制作的酱汁

螺旋线意面
那不勒斯肉酱、肉酱、乳清干酪

长条螺旋意面
那不勒斯肉酱、肉酱

猫耳朵意面
肉酱、番茄酱、乳清干酪和奶酪

圆形意面
番茄酱、简单的黄油酱、肉酱

条纹弯曲管形意面
低脂黄油酱、做汤

光滑中弯通意面
那不勒斯肉酱、番茄酱、奶油基底酱

条纹中弯通意面
番茄酱、肉酱、黄油酱

绊根草形意面
香肠酱

短绊根草形意面
香肠酱、肉酱

小蝴蝶形意面
肉汤

千层面
丰富、分层的酱汁

拿波里坦尼千层面
丰富、分层的酱汁

长形千层面
由黄油、奶酪和奶油制作的酱汁

窄扁平意面
白汁蛤蚌

蜗牛意面
肉酱、番茄酱

螺蛳意面
做汤

蜗牛壳意面（粗通心粉）
填馅并焗烤

粗通心粉
那不勒斯肉酱、肉酱

短意式通心粉
肉酱、以香肠为主料、搭配奶酪制作的酱汁

波浪面
野味酱、由奶酪制作的酱汁

玛格丽特意面
肉酱、番茄酱、以香肠为主料的酱汁

中粗意式空心粉
那不勒斯肉酱、肉酱

短中粗意式空心粉
淡酱汁、番茄酱

梅扎尼直管空心意面
那不勒斯肉酱、肉酱

短梅扎尼直管空心意面
由肉、蔬菜、鸡蛋和奶酪制作的酱汁

光滑套袖意面
番茄酱、简单的油基底酱

条纹套袖意面
番茄酱、简单的黄油基底酱

粗光滑尖头通心粉
番茄酱、简单的黄油基底酱

粗条纹尖头通心粉
由肉、鸡蛋、奶酪制作的酱汁并焗烤

小球意面
肉汤

宽短切意面
由肉和蔬菜制作的酱汁、那不勒斯肉酱

猫耳朵意面
芜菁、由肉和蔬菜制作的酱汁

混合意面
制作豆汤

斜管面
那不勒斯肉酱、肉酱、焗烤

短光滑斜管面
那不勒斯肉酱、肉酱

短条纹斜管面
肉酱、蔬菜

光滑斜管面
番茄酱、肉酱和简单的黄油基底酱

小号条纹斜管面
肉酱、简单的黄油基底酱

纹面斜管面
肉酱、简单的黄油基底酱、蔬菜

光滑细直管斜管面
肉酱、简单的黄油基底酱、番茄酱

带孔胡椒粒意面
肉汤

大粒胡椒粒意面
肉汤、做汤

小包袱意面
清汤

条纹烟斗意式通心粉
肉酱、简单的黄油基底酱、番茄酱

米粒形意面
肉汤

卷带粗通心粉
那不勒斯肉酱、肉酱

罗马风味粗通心粉
肉酱、番茄酱、以香肠为主料的酱汁、焗烤

小米粒意面
肉汤

迭迭香意面
番茄酱、简单的油基底酱

光滑葱管意面
肉酱、番茄酱、鸡蛋和奶酪、简单的黄油基底酱、焗烤肉酱、番茄酱

意大利细面
切片番茄、简单的油基底酱、鱼酱

意大利特细面
大蒜和橄榄油、蛤蚌、鱼类、淡黄油基底酱

星星意面
肉汤

细弯通心粉
做汤、淡黄油基底酱

意式干面
由黄油、奶酪和奶油制作的酱汁

意式细宽面
由黄油、奶酪和奶油制作的酱汁、焗烤

方形小粒意面
肉汤

贝壳意面
肉酱、番茄酱、简单的黄油基底酱

海螺壳意面
填馅并焗烤

短小螺形意面
番茄酱、简单的黄油基底酱

扭转通心粉
由肉和蔬菜制作的酱汁、以香肠为主料的酱汁、焗烤

意式扁面
简单的黄油基底酱、鱼酱

小领结意面
乳清干酪酱、焗烤

小领结意面（卷边）
加入乳清干酪的那不勒斯肉酱

短管通心粉
清汤

意式长面
番茄酱、由黄油、培根、鸡蛋和奶酪制作的酱汁

意式粗长面
奶油培根、由蔬菜（芜菁、意大利青瓜、茄子）、培根、鸡蛋和奶酪制作的酱汁

粗管意面
那不勒斯肉酱、肉酱、加茄子焗烤

短粗管意面
加入蔬菜、鸡蛋和奶酪的肉酱

中粗管意面
那不勒斯肉酱、肉酱、加茄子焗烤

短中粗管意面
那不勒斯肉酱、肉酱、加茄子焗烤

参考书目

Agnesi Vincenzo，Alcune notizie sugli spaghetti. Raccolte da V.A.，P.M.，Imperia，1975

Cunsolo Felice，Il libro dei maccheroni，Mondadori，Milan，1979

Gatani Tindaro，Pasta e ancora non basta，P.M.，Librizzi，2006

Gatani Tindaro，La pasta：storia，tecnologia e segreti della tradizione italiana，Pizzi，Milan，2000

Medagliani Eugenio，Gosetti Fernanda，Pastario，ovvero Atlante delle paste alimentari italiane：primo tentativo di catalogazione delle paste alimentari italiane，Bibliotheca Culinaria，Lodi，1997

Medagliani Eugenio，Gosetti Fernanda，Pasta d' archivio. Scienza e storia del più antico campione di pasta（1837-1838），Tipografica parmense，Parma，2000

Prezzolini Giuseppe，Maccheroni & C.，Rusconi，Milan，1998

Prezzolini Giuseppe，Spaghetti dinner，Longanesi，Milan，1957

Sada Luigi，Spaghetti e Compagni，Edizioni del Centro Librario，Biblioteca de "La Taberna，" Bari，1982

Schira Roberta，La pasta fresca e ripiena，Ponte alle Grazie，Milan，2009

Serventi Silvano，Sabban Françoise，La pasta：storia di un cibo universale，Laterza，Rome，2000

Traglia Gustavo，Il lunario della pasta asciutta，Ceschina，Milan，1956

图片出处

All photographs by Academia Barilla except：

Araldo De Luca/Archivio White Star：page 19 · Archivio Storico Barilla，Parma：pages 20 left，20 right，22，23，28，29，30，31，32 top，32 bottom，33 top，33 bottom，34，35，37 · Foto RCR/Archivio White Star：page 27 · Fox Photos/Getty Images：page 25 · Per-Anders Jorgensen，Malmö，Sweden：page 15